咖啡行者的
全息。烘焙法·術

ART | HOLOGRAPHIC ROASTING
OF COFFEE TRAVELER

追尋那個誘人的芬芳
In search of tantalizing aroma...

謝承孝，兼顧著咖啡館主、咖啡生豆進口、企業顧問、烘焙師、杯測師、國際評審、教練等多面角色。多年來沈浸在咖啡杯裡的世界，並且辛勤於筆耕，持續的向業界分享資訊。也是圈內少數同時參與咖啡產業上下游經營運作的咖啡人。座右銘為「In search of tantalizingarome 追尋那誘人的芳香」，故以「行者」稱之。

也因為在咖啡產業上所參與的角度廣泛並且深入，所以在教學上總是能帶給學生全新的思維與訊息。目前除了經營塔拉蘇咖啡館外，也活躍於咖啡業界。憑藉著廣泛的人脈以及咖啡領域的專業，擔任跨國公司的顧問工作，是亞洲地區少數完整接觸咖啡產業鏈上下游，並且兼具深度與廣度的專業人士。

全息烘焙法是一種以烘焙師自身的觀察力以及對烘焙理論掌握的烘焙方式，經歷 Chacha 老師多年的教學後濃縮成書。內容涵蓋了咖啡風味的分析、烘焙理論的核心以及運用，從烘焙前的生豆分析到烘焙後的快速檢查、調整思路都完全收錄。

海拔與風味

海拔原且日夜溫差越大，植物呼吸作用降低，逐漸累積小分子量物質

．分子量小，揮發性高的精油類的香氣物質越多
．香料、柑橘、檸檬、莓果等香氣多為精油類，多為脂溶性（微溶於水）
．香氣物質在不同溫度下會產生形變（劣味的花香與萎醇的橘子香）
．海拔每增加300公尺，蔗糖含量增加10%
．蘋果酸、檸檬酸與油脂含量增加
．生長慢，收成晚
．影響風味的表現空間

目次

緒論

關於全息烘焙法

▎烘焙理論、感官能力與邏輯的建立

　　我的父親是一個交友廣闊的人，小時候每當父親的朋友從國外返回台灣，總是在大家的期待下帶了點咖啡豆回來給大家嚐嚐。週五的深夜，一群叔叔阿姨都會聚集在我家客廳，在隆重的儀式裡看著虹吸壺的水珠逐漸沸騰，也將大家的期待帶到了頂點。由於當時咖啡相關商品還不普及，屬於稀有商品，大家所能購買到的咖啡大多是即溶咖啡，所以咖啡豆在當時更是新鮮且稀有。能夠品嘗到從國外帶回來的現煮咖啡，對當時的人們來說可是既興奮又期待。

　　在酒精燈的燃燒下，整個儀式也將到達最神聖的階段，將這小小一壺的咖啡分享給這些陸陸續續聞香而至的朋友們，雖然是僧多粥少數量有限，但是看著長輩們彼此分享手中的那一小杯咖啡，聊著天說著笑，其實也挺歡樂的。愛熱鬧的我也因此興奮的睡不著覺，總是透過房門縫來參與這場盛會。久而久之，能獨自享用一杯咖啡，也成了孩童時的願望。

　　隨著飲用咖啡的習慣養成，漸漸的我也開始自己沖咖啡，買了義式咖啡機之後也開始學習煮濃縮咖啡，對咖啡的消耗量也不斷增加，漸漸的開始萌發出自己烘豆子的想法。

　　如今接觸咖啡烘焙這麼多年了，最初從手網開始練習，在瓦斯爐上賣力地甩動手臂，並且把整個廚房弄的一堆銀皮亂飛。接著開始將奶粉罐做成俗稱土炮的小烘焙罐來烘豆子，其實整個過程雖然是跌跌撞撞，但是也充滿樂趣。我想任何的學習都是從模仿出發，從買書閱讀開始，到跑名店亂飛。接著開始將奶粉罐做成俗稱土

炮的小烘焙罐來烘豆子，其實整個過程雖然是跌跌撞撞，但是也充滿樂趣。我想任何的學習都是從模仿出發，從買書閱讀開始，到跑名店再到泡咖啡館與前輩交流學習，一路下來所獲得到的資訊往往是矛盾且片段的。我想如果喝得夠多，樣本數累積的夠多，那總能喝出點什麼吧？因此我開始以咖啡產地國為單位，讓自己在一段時間內專門喝某一產國的豆子（當時產區的觀念並不普及），並且搭配店家的解說，漸漸的彷彿得到各門各派的真傳一般，自以為進入「見山是山」的狀況。

接下來問題又來了，到處泡咖啡館喝遍了大大小小名店，公說公有理、婆說婆有理的狀況也不時出現，每個店家都表現出無比的自信，但是彼此間又充滿無限的矛盾。我不經地問自己，每個人都說自己的咖啡烘得好，那到底什麼是好？好的標準又是什麼？是客戶喜歡就好？還是有業界標準？

接著我就漸漸萌生出一個想法，以我早期經營工廠時的狀況來說，新人入職後總是先被安排去品管部門學習分辨品質的好壞，等到這個新人已經能夠分辨每個工序的品質之後，才能正式的派任到所屬的部門。也就是說，必須要了解了品質的差異，才能找到相應的對價關係。從這樣的靈感出發來看看咖啡的問題不也是如此嗎？做為烘焙咖啡的我來說，如果不懂的喝的話，又怎麼知道什麼是好咖啡？什麼是不好的咖啡？又怎麼來判斷？

█ 全息烘焙法教學框架與教學大綱

　　在進行咖啡烘焙之前，應該先想定好自己預設的風味呈現，究竟想烘出什麼樣的咖啡？在香氣的表現上以及味覺感受的表現上，想呈現什麼樣的畫面？

教學大綱：

1. 烘焙師必須要有一定的感官分析能力，針對嗅覺、味覺、觸覺所感受到的種類、強度、屬性來分析 —— 風味陣列的記錄與運用。

　　首先必須要對咖啡豆的風味潛力有所掌握，咖啡的香氣來源有三種，分別來自於原生香氣、處理法香氣以及烘焙香氣。而這三者都會隨著咖啡烘焙度的不同而有所變化。

　　原生風味的部分，受海拔、品種、種植、採摘的影響而有香料、柑橘、檸檬、花香、草本等截然不同的展現。隨著海拔越高，咖啡豆的蔗糖含量也增加，咖啡的原生香氣也越是迷人，這也透露出咖啡豆的烘焙風味所需要的材料也越充分。

　　相反的，海拔越低的情況下蔗糖含量也較低，原生香氣與烘焙香氣也越是平庸。所以，如何判斷咖啡豆的潛力就是首要工作。

　　先前提過，咖啡的風味將隨著烘焙度的不同而有所變化，例如在烘焙度較淺的情況下，咖啡豆內的物質所進行的化學反應程度較小，相對來說較能凸顯出咖啡的原生風味以及咖啡後製過程中所帶來的處理法風味，例如青瓜、牧草、玫瑰、柑橘、蜜棗、菠蘿、藍莓等。

教學大綱：

2. 掌握高、中、低海拔豆的風味特色。

3. 以及日晒、蜜處理過程所產生的香氣特色。閾值低、脂溶性的萜烯類香氣與水溶性香氣在乾濕香的差異。

　　接下來隨著烘焙度的上升，咖啡豆內的物質受到溫度與壓力等影響，化學反應會更活躍進而產生更多的風味物質，例如：花生、堅果、焦糖、奶油、煙燻、肉味等。而上述的風味變化就如同風味輪裡的氣味輪一樣，酵素群組、糖類褐化群組以及乾餾群組的香氣隨著烘焙度的增加而陸續登場。

教學大綱：

4. 了解果糖焦糖化、葡萄糖焦糖化、蔗糖焦糖化與梅納反應的溫度、條件、材料以及對香氣、味覺、觸覺的影響。

5. 了解樣品分析的烘焙度設定 (豆表 70+/-2，粉值 85~88) 與理由。

　　所以，接下來就是要掌握風味與烘焙度數值之間的關係。烘焙度的測量主要是依照咖啡豆 / 粉炭化的程度所測得的。咖啡烘焙度越深，炭化程度也就越深。所以了解炭化的成因才能清楚掌握風味與烘焙度之間的關聯性。

　　咖啡受熱後所進行的焦糖化與梅納反應都屬於褐化反應，最終也都會產生褐色物質。這也是造成咖啡炭化的主要因素。通常烘焙度的測量除了咖啡豆表的深淺外，還會將咖啡豆磨成粉，進行咖

啡粉烘焙度的測量。所以咖啡粉的烘焙度可以視為整把咖啡豆由內到外的烘焙度平均值,而咖啡豆表與咖啡粉的烘焙數值差距則稱為RD值(Roast Delta)。

教學大綱:

6. 了解不同烘焙度數值對應到的香氣,以及烘焙度只代表數值,無法確定香氣來自於焦糖化還是梅納反應。

7. 了解不同烘焙度對應到的數值與肉眼對色的重要性與對色光源6500K。

RD值的大小幅度對於咖啡風味的呈現有著顯著的影響,由RD值可以推斷風味跨度以及峰值的高低。而咖啡品質不同(酵素類香氣與蔗糖含量),相同烘焙度數值下所呈現的風味表現也不同,這也意味著不同品質的豆子所適合的烘焙度(包含RD值)也不同。

教學大綱:

8. 豆表意味著烘焙度最深處,粉值則代表平均值。依此可以推斷出RD值與烘焙度最淺處。RD值大小與平均值(峰值)的強弱變化。

所以在適應烘焙設備的過程裡,首要之重就是要調整烘焙節奏讓豆子烘焙到樣品烘焙度。因此正確的讓咖啡豆受熱、升溫就很重要。咖啡豆受到糖分、密度與含水率、目數大小等影響,在升溫過程中的物理狀態會改變,導熱的能力也會改變。尤其含水率與密度、目數對玻璃轉化溫度Tg的影響甚巨,而玻璃轉化溫度又影響

豆子內水分活躍與導熱能力的變化，所以必須掌握烘焙過程四階段以進行正確的烘焙。

教學大綱：

9. 了解玻璃轉化溫度 Tg（T0/T1）。

10. 了解烘焙過程四階段與導熱狀況、含水率變化。

11. 了解 T0/T1、果糖焦糖化、葡萄糖焦糖化、蔗糖焦糖化、FC 的氣味、色澤、外觀、聲音、大小等變化，進而掌握豆子的升溫節奏。

12. 烘焙過程四階段以及對能量的需求。

13. 烘焙基準豆的選擇。

14. 生豆的外觀色澤、氣味與物理分析（含水率、目數、密度）。

　　由於每台烘焙設備的設計不同，不同的轉速、風門、探針位置不同，所以透過設備看豆子受熱升溫的本質就變得很重要，如何給予豆子溫和的能量進入到橡膠態 T1，並且依照豆子升溫後導熱能力的不同而調整能量供應就變得很重要，目的是讓豆子烘焙到樣品分析烘焙度。

教學大綱：

15. 烘焙前後的風溫、豆溫所代表的意義。

16. 回溫點的意義。

17. 鍋間操作對爐內能量的影響。

　　經過正確的烘焙到樣品烘焙度後，接下來就要測量不同烘焙節點（一爆密集、一爆結束、二爆初期、二爆密集）的平均升溫速率與烘焙度，進而測量掌握咖啡豆表與粉的烘焙度的線性與 RD 值、味覺、觸覺變化。依此而掌握不同烘焙度所適用的沖煮方式（手沖、SOE、Espresso）。

教學大綱：

18. 烘焙度線性變化與 RD 值，以及與風味陣列的對應（對應在不同海拔的豆子上）。

19. 烘焙度線性變化與香氣、酸甜苦鹹的味覺變化，以及與風味陣列的對應。

20. 烘焙度線性變化與沖煮方式。

21. T2—出鍋、FC 到出鍋的爬溫、時間（ROR）對於風味的影響。

22. 甜味、甜香對爬溫與 RD 值的影響，以及與風味陣列的對應。

23. 發展時間對酸質、酸度的影響，以及與風味陣列的對應。

24. 一爆的成因、RD 值對一爆的影響。

25. 乾、澀、粗糙與低初始能量低回溫點。

　　掌握了烘焙節奏與運用之後，即可以依照對生豆品質與烘焙理論的掌握來進行延伸的運用

教學大綱：

26. 義式拼配生拼的技巧（海拔、含水率、密度、目數）

27. 二次烘焙的目的與技巧。

Chapter 01
原生風味的起源、辨識與累積

▌從 COE 杯測表來看咖啡品質的辨識

在咖啡市場持續發展的當下，作為消費者的我們，不只接觸到越來越多產地以及各種處理法的咖啡。在滿足獵奇的慾望之外，一杯咖啡的品質辨識，甚至是咖啡生豆的品質好壞不只與所付出的金錢有關，更與我們的身體健康有關。

一杯咖啡的呈現，經歷了種植處理與烘焙，最後再到萃取。這過程中的每一個環節都至關重要，最終會直接影響到飲用的感官呈現。在精品咖啡越來越發達的今天，在品嚐上，我們越來越追求細膩與美感。不只追求鳥語花香且層次多變的香氣，也希望酸甜如果汁般明亮跳躍。而這一切不只要精湛的沖煮技藝，以及純熟的操爐技巧，更取決於精耕細作的生豆品質。

那麼問題來了，一杯好咖啡既要烘焙與萃取得當，又取決於生豆品質。而作為烘焙師的我們更面臨著挑選食材以及把關的重擔，那麼如何從杯測的細節中確認手上這杯咖啡的生豆品質呢？

從生豆品質的檢驗上來看，ACE 卓越咖啡聯盟旗下的 COE 競賽杯測制度以及美國的咖啡品質學會 CQI 在生豆品質的判斷，當數目前最主流的判別系統。其中咖啡品質學會 CQI 的判斷方式則是從咖啡生豆的外觀、瑕疵數量、氣味再到實際杯測等的一連串過程，這過程裡包含對生豆外觀的物理分析，也包含杯測品鑑的感官分析。

而卓越咖啡聯盟 ACE 的 COE 制度則是直接由杯測咖啡樣本來進行判斷。筆者過去曾向前日本精品咖啡協會主席 Hidetaka Hayashi 老師請教過這個問題，由於 Hayashi 老師也是 ACE 的創始元老之一，對於 COE 杯測表的設計與運用有很深入的了解。Hayashi 老師直接指出在杯測以乾淨度（Clean Cup）、酸質（Acidity）與甜感（Sweetness）三個項目來進行篩選，是挑選高品質咖啡最直接有效的方式。

圖 1-1　2015 瓜地馬拉 COE 競賽現場

生豆品質的判斷除了判別生豆的外觀以及氣味之外，實際上我們從飲用的感官感受上分析，咖啡入口後的感受不外乎味覺、鼻後嗅覺與觸覺這三者。而這些感官上的呈現與種植、後處理以及烘焙有著密切的因果關係。就 COE 的杯測系統角度來看，品質的好壞則直接反應在咖啡的酸質、甜度與乾淨度上。

咖啡內的有機酸是植物生長過程的重要產物，在經驗上來說，高海拔地區所種植的咖啡也意味著具有優異的酸質。而我們再進一步的細究可以發現，咖啡生豆內有機酸種類豐富，包含了蘋果酸、檸檬酸、綠原酸、奎寧酸以及少量的醋酸、蟻酸、琥珀酸等。

其中綠原酸雖然是很好的抗氧化物，但是在味覺感受上帶有較強的苦味，以及低沉的酸感。也是咖啡生豆本身苦味與澀感的主要來源。而綠原酸的含量恰巧與種植的海拔成反比關係（海拔越高綠原酸比例會降低）。我們也可以藉此留意咖啡中是否有低沉的酸以及觸覺上的澀感，並以此作為咖啡品質的判斷條件之一。以 COE 的杯測評分角度來看，低沉的酸澀不只影響到酸質這個項目，由於飲用起來會使得風味感受的清晰度、辨識度下降，讓人「有種不夠乾淨」的感受，這也將直接影響到咖啡乾淨度的項目評分。

我們接著往高海拔的種植條件上來看，醣分在咖啡豆裡占有非常重要的地位，其中蔗糖除了是咖啡甜味的重要來源之一外，也是烘焙過程創造香氣的重要原料。而蔗糖的含量不只與海拔有關，根據資料顯示，海拔每升高 300 公尺，蔗糖含量即增加 10%。原因在於海拔越高，種植環境的白天與夜間的溫差越大，正好可減緩咖啡

的生長速度，恰恰讓咖啡累積更多的次級代謝物，這些次級代謝物中不只包含了蔗糖、蘋果酸、檸檬酸等，也包含花香、香料、莓果類、柑橘、檸檬等迷人的香氣。

圖 1-2 正在進行整地、覆蓋火山土與石灰的咖啡園

　　植物內所含的酵素種類甚多，不同的酵素在經歷氧化還原、異構化與水解等過程後，最終產生出各種香氣。而咖啡迷人的花香、果香、香料以及草本香氣大多是大自然孕育下所產生的天然香氣，而這樣的迷人香氣自然離不開酵素的功勞。植物內的萜類、脂肪酸以及胺基酸等物質在酵素的作用下所生成的酯類、醛類、酮類、

萜烯類等物質，也帶出迷人的花香、水果香氣、草本類香氣（柑橘、莓果等），以及為咖啡增添靈氣細節的香料香氣。也因為這些香氣均是植物酵素作用下所產生的香氣，故在習慣上統稱為酵素類香氣。

Togo M. Traore 在其所撰寫的論文裡提到，針對 2004 年至 2015 年期間，十一個 COE 國家競賽結果裡進行描述詞彙統計。統計中顯示最常見的風味與香氣是水果味，在 95.7% 的咖啡描述中出現過。而甜味則在 84.76% 的咖啡描述中出現過，花香類的描述則在 53.8% 的咖啡中出現過。清新的花果香氣不只帶給人感官上的愉悅感，這些酵素類的香氣大多具有高揮發性以及閾值較低的特性，所以在感官體會上有著較佳的辨識度、清晰度，也會直接反映在乾淨度這個評分項目上。

而近幾年 COE 競標價格屢創新高，即使各個咖啡產國處理過程的習慣與偏好有所不同，但是仔細觀察風味描述的部分也依舊以複雜的花果香氣為主，由此可見精品咖啡對風味、香氣的追求仍然是酵素類的花果香氣以及甜感為主，這也正是為什麼我們講究咖啡種植海拔的原因。

而從咖啡熟成的過程來看，蔗糖的含量隨著咖啡櫻桃越來越成熟而增加。而未熟的果實裡仍含有大量的有機酸，且尚未轉化成糖分。只有當果實成熟時，咖啡果內的有機酸轉換成豐富的糖，咖啡的甜度才會增加。

356 TOGO M. TRAORE ET AL.

Table 1. Summary Statistics

Variable	N	Mean	Standard Deviation	Minimum	Maximum
Market characteristics					
Price (2010 US$/lb.)	2,123	7.4013	5.4311	12	80.2
Quality score (84–100)	2,123	87.0883	2.0797	84	95.76
Lot size (70 kg bags)	2,123	30.8208	14.7662	8	145
Number of coffees	2,123	27.4702	5.9887	10	42
Material attributes					
Number of descriptors	2,123	14.3826	4.9197	2	28
Green vegetative flavor	2,123	0.1398	0.3469	0	1
Other flavor	2,123	0.0276	0.1638	0	1
Roasted flavor	2,123	0.2258	0.4182	0	1
Spices flavor	2,123	0.2424	0.4286	0	1
Nutty/cocoa flavor	2,123	0.5671	0.4956	0	1
Sweet flavor	2,123	0.8476	0.3595	0	1
Floral flavor	2,123	0.5387	0.4986	0	1
Fruity flavor	2,123	0.9574	0.2019	0	1
Sour acid	2,123	0.5780	0.4940	0	1
Clean and clear cup	2,123	0.2128	0.4094	0	1
Balance cup	2,123	0.2396	0.4269	0	1
Transparent cup	2,123	0.0750	0.2634	0	1
Creamy body	2,123	0.3167	0.4650	0	1
Big body	2,123	0.1066	0.3087	0	1
Round body	2,123	0.1763	0.3812	0	1
Buttery mouthfeel	2,123	0.1743	0.3794	0	1
Smooth mouthfeel	2,123	0.2412	0.4279	0	1
Juicy mouthfeel	2,123	0.1759	0.3808	0	1
Lingering aftertaste	2,123	0.0677	0.2513	0	1
Long aftertaste	2,123	0.1459	0.3531	0	1
Symbolic attributes					
Wet processing	2,123	0.6559	0.3741	0	1
Dry processing	2,123	0.0624	0.2420	0	1
Other processing	2,123	0.2817	0.4499	0	1
Bourbon variety	2,123	0.2323	0.4224	0	1

圖 1-3 2004 年至 2015 年期間，十一個 COE 國家競賽結果裡進行描述詞彙統計

　　反觀綠原酸與其他有機酸則各有不同的變化。首先綠原酸在果實成熟前，就已經逐漸降低含量，而蘋果酸與檸檬酸則隨著咖啡櫻桃的熟成而有不同程度的增加。

　　因此，除了咖啡的種植海拔之外，咖啡豆的採摘又是影響品質的一大關鍵。摘取未成熟的果實，最直接明顯的體現就是酸澀且甜度不足。過於成熟的咖啡則會產生發酵味，甚至會產生霉味等瑕疵風味，進而影響咖啡風味的乾淨度。所以摘採熟成恰當的咖啡櫻桃，以及避免與未熟、過熟的果實混合，才能保證有著明亮且酸甜活潑的高品質生豆。

W.J. Rogers et al. / Plant Science 149 (1999) 115–123

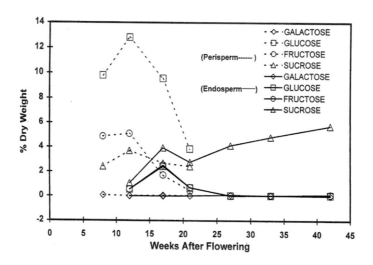

Fig1-4 Changes in concentraton of free sugars in grains of Arabica variety Caturra 2308 during matutation. After beinf separated from pericarp and locules, grains were divded into perisperm (mainly in the young grains up to WAF) and endosperm tissuse for analysis.

圖 1-4 卡杜拉 2308 果實熟成後外胚乳與胚乳的糖分濃度變化

而後處理過程也會對咖啡的酸質以及甜度產生影響，例如過度的水洗發酵會讓酸感過於尖銳以及增加醋酸與乳酸的含量，讓咖啡飲用起來過於尖酸刺激。

　　了解了種植與後處理的部分，我們就會恍然大悟，原來咖啡明亮活潑的酸與輕快討喜的甜是如此得之不易，不只取決於種植海拔以及微型氣候，摘採與後製過程的嚴謹與專業更是影響廣泛。好的酸感如水果般複雜明亮，不好的酸貧乏且無趣，這點是咖啡品質辨識中重點中的重點，在此我們更講究酸的品質。

　　怎麼說呢？酸的強度是與甜味搭配的重點，從我們日常生活的水果來看，西瓜就是甜度高但是酸度低的水果，而鳳梨與百香果則是甜度與酸度搭配精彩的水果，這就是我們所講究的酸甜搭配，也因此酸與甜的搭配更是食物料理的一項重點。

　　而同樣的酸甜搭配強度，我們可以在一些蜜餞類找到，例如酸梅、烏梅乾等。當我們拿新鮮水果與上述的這些酸梅、烏梅乾對比就會發現，兩者雖然有著相似的酸甜感，但是仔細分析下來，這些果乾明顯缺乏了明亮與活潑的感受。

　　我們不妨做個小實驗，在捏著鼻子吃下蜜餞類以及新鮮的百香果、鳳梨後進行對比。新鮮水果不只在味覺上有著酸甜的跳躍感，更帶著明亮感以及複雜性，而這個複雜性也就是我們所說的酸質。所以在品質的鑑定上，我們不只喝酸的強度，更是**喝酸的品質與複雜性**。

　　而甜的複雜性就更容易理解，如果咖啡的甜味感受不只有如甘蔗的甜感，還具有如水果糖般甜感，則感受將會更加豐富強烈。

　　也難怪在 COE 的評分表中將甜感與酸質兩個項目依照品質狀況給予評分。品質不佳的酸與甜不只在各自的項目難以獲得分數，更進一步的影響到乾淨度以及風味的呈現，最終影響咖啡的整體評測結果。

圖 1-5 2022 年 Taiwan PCA 冠軍豆御香藝伎莊園的 Geisha 咖啡果，海拔 1200 公尺

生豆的酸與甜造就了咖啡的複雜性與豐富性，而高品質的生豆就烘焙的角度來看不只有較為迷人的花果香氣，咖啡生豆的糖分以及有機酸含量也直接影響烘焙後的表現。以糖分為例，在烘焙過程中的焦糖化即是以糖為原材料所進行的化學反應，並且能產生各種芳香物質，以及具有酸味的物質與帶有甘苦味的焦糖化生成物。隨著烘焙度的增加，蔗糖的焦糖化的程度也就越高，咖啡豆的結構狀態就越鬆散且有利於研磨萃取。就味覺上來看，咖啡的甜味與苦味會隨著烘焙度而成此消彼長的狀況。而在香氣上則逐漸出現奶油、蜂蜜、焦糖等甜香氣，由此看來高甜（糖）度的高品質生豆不只在味覺上能給予愉悅的甜味，在烘焙上更給烘焙師寬廣的揮灑空間。

　　咖啡內的較明亮有機酸如檸檬酸、蘋果酸則隨著烘焙度越深而降低濃度。而低沉酸澀的綠原酸與奎寧酸也隨著烘焙度的加深而分解與合成其他複雜物質，增加了咖啡的苦澀。

　　綜合上述的影響，烘焙不只直接影響到飲用過程中的味覺感受，更影響到咖啡入口後鼻後嗅覺的感受。也難怪 COE 生豆競賽的烘焙度會落在較淺的一爆密集到爆聲結束之間，不只盡量保留咖啡的花果香氣與酸質，也盡量降低焦糖化反應對味覺以及香氣的影響，藉此讓杯測師們能更加了解生豆的品質。而在咖啡品鑑上，當咖啡入口後我們對於味覺與口腔內觸覺的感受是來得更加強烈的，故酸質、甜味與乾淨度（酵素類的花果香氣）的品測更顯得重要許多。

█ 風味陣列 ── 杯測感受的解構

懂得喝，才懂得怎麼烘焙。

喝得明白，才知道生豆的潛力以及怎麼調整。

　　這兩句話非常貼切的貫穿烘焙與感官之間的相互關係，實際上要能達到這樣的理想境界，不只要能自在地運用自己的感官能力，也要能將喝到的風味依照感官感受的嗅覺、味覺、觸覺來進行分析。在進行分析時的邏輯架構，不只有對烘焙過程中的物理化學變化有一定程度的了解，也包含對於不同海拔、處理法、品種等生豆特質的掌握，而這也就是全息烘焙法的理念與架構。

　　所以，怎麼喝？如何有章法的喝？就是學習烘焙的第一步。在這個階段裡我們不只要學會將捕捉到的風味，以風味陣列的方式詳實記錄下來，也要了解物質的溫度、濃度對人體感受的敏銳度影響。

　　過去我們烘焙完畢後，都會進行杯測並且拿出表格來評分，最終再依照評分結果來選擇豆子的去留或者用途。但是仔細去分析這些數字以及各個評分項目，就能發現這些項目以及數字背後所代表的意義，都是由品嚐者的感官所捕捉到的訊息所整合的。

　　我們以磨粉後的乾香與啜吸品嚐為例，研磨後的咖啡粉並未接觸到水，所以這時候**高揮發性且分子量較小的香氣以及嗅覺上閾值較低的物質**比較容易被嗅覺所捕捉到，這是因為杯測項目中的乾香氣、濕香氣均屬於鼻前嗅覺的運用。

而啜吸品嚐的時候，咖啡液體隨之進入到口腔內，由於這時候所捕捉到的風味感受（包含味覺、嗅覺、觸覺）是經過水與咖啡的萃取過程後所呈現出來的結果，**所以不只能感受到水溶性物質所帶來的味覺、觸覺感受，也有氣味分子經由口腔、鼻咽最終被嗅覺受器所捕捉到的鼻後嗅覺。**

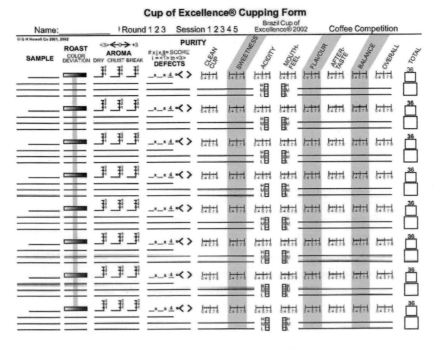

圖 1-6　COE 卓越杯的杯測表

　　以尾韻這個評分項目為例，尾韻（After Taste）的部分則是入口之後或者是啜吸吐出後（依不同杯測系統而稍有不同）口中的綜合感受。既然是綜合感受，那舌面感受到的澀感，以及口腔中持續散發的香氣和苦味也都含括在內。既包含了觸覺，也包含了味覺與鼻

後嗅覺，唯一的差異在於入口的時間段的不同。

所以在感官教學上，我會將啜吸整個過程分成三個時間段，分別為「啜吸當下」、「啜吸之後」以及「吐出之後」。而吐出之後即為杯測表裡的「尾韻」的評項。

而風味、酸質、甜感、風味等項目則屬於品測「啜吸當下」、「啜吸之後」的階段。簡而言之，就是吐出之前所感受的味覺、觸覺、鼻後嗅覺所組合出的綜合感受。

以酸質為例，好的酸質帶來明亮的水果感受，這當中既有咖啡酸味的質地感受，也有鼻後嗅覺所帶來的水果香氣。如果酸味的質地灰暗低沉如醋酸，那麼即使搭配飛揚的柑橘、柚子香氣的感受也遠不及明亮的蘋果酸、檸檬酸所帶來的愉悅，這說明酸味質地本身的重要性。

相同的質地下搭配不同的香氣，在飲用的感受上也會有著明顯的差異，例如：明亮的蘋果酸、檸檬酸搭配莓果香與烤堅果香氣做對比，在愉悅感上所帶來的差別即是如此，更何況再加上味覺上的強度以及與甜味的搭配、溫度的變化對於味覺感受的影響，終將提升飲用上的複雜性與多變性。

甜感的愉悅不只是強烈的甜味感受，更需要嗅覺上的花果香氣、焦糖類香氣與之搭配，以及明亮的酸味質地與適當的強度與甜搭配，一來增添品嚐上跳躍活潑的感受，酸味與甜味的搭配也讓甜感更富有層次，與酸質一樣，需要味覺、嗅覺感受的搭配。

回歸到感官對風味捕捉的根本來看，不論是杯測還是手沖品嚐，始終是利用我們的鼻子與口腔來捕捉嗅覺、味覺、觸覺等感受。而杯測表的各個評分項目只是將味覺、觸覺、嗅覺感受依照強度、時間性進行排列組合。

風味陣列

			原生風味（酵素群組）	處理法風味	烘焙風味（褐化群組、乾餾群組）
嗅覺	鼻前嗅覺	乾香	金桔3(上揚、甜)、花香1(甜、上揚)	無	麥芽糖1(甜)
		濕香	原生風味（酵素群組） 金桔3(上揚、甜)	處理法風味 無	烘焙風味（褐化群組、乾餾群組） 紅糖1(甜)
	鼻後嗅覺 嗅吸或飲用		原生風味（酵素群組） 金桔2(上揚、甜)、花香1(甜、上揚、白色)	處理法風味 無	烘焙風味（褐化群組、乾餾群組） 紅糖1 (透亮) 紅茶1(甜、持久)
味覺	低溫時判斷		酸2 (上揚明亮)、甜2、苦1、鹹0		
觸覺	確認自身狀況後再判斷		**不澀、微乾且薄 (厚度2)**		

圖 1-7　詳細紀錄香氣的強度與屬性

　　以（圖 1-7）的風味陣列為例，我們將感官的訊息分為嗅覺、味覺、觸覺三方面來記錄，其中嗅覺的部分尤為重要。

　　咖啡的香氣分別來自三個主要來源，首先是品種、種植、海拔與微型氣候帶來的原生風味，如同風味輪裡的酵素群組的花、果、草類香氣。處理法帶來的風味，例如：酒香、藍莓、香瓜、紅棗等水溶性的醇、醛、酯類等香氣，以及咖啡烘焙後所帶來的烘焙風味，例如焦糖化所帶來的呋喃類香氣、梅納反應帶來的吡嗪、吡啶、吡咯等一系列風味輪上褐化群組與乾餾群組的香氣。

生豆的含水率、密度與烘焙過程中的蔗糖焦糖化會影響咖啡豆的膨脹度、養豆時長，進而影響萃取效率，而香氣物質有著「不同濃度下的感受有著明顯差異」的特性，所以相同的香氣物質在不同的烘焙度下會有著截然不同的感受，這點在高海拔豆的萜烯類香氣上尤其明顯，所以在香氣的紀錄上若只記錄草本、水果等對於烘焙方向的調整並沒有太大幫助。

實務上我會在這些香氣種類的下方進行「屬性」與「強度」的標注，一來註明香氣的強烈程度，再者更多的輔助詞彙（如明亮、低沉、新鮮的、甜、混濁、持久等）可以更完整的描述這個香氣，這就稱為「屬性」（如圖 1-7 紅色圓圈處）。

這樣一來各種香氣先依照種類進行分類（原生、處理、烘焙），在標注強度與屬性後，搭配焦糖化與膨脹度的維度來分析，就更能判斷調整方向。

其中，酵素類香氣的屬性與海拔有著直接的關聯，精油類香氣受到膨脹度與萃取效率的影響下，即使是低濃度也有著上揚奔放且帶甜感的嗅覺感受。

而這些精油類香氣有著溶於油或微溶（甚至不溶）於水的特性，如果在感受乾香氣時的鼻前嗅覺感受到香氣奔放強烈，啜吸與品嚐時的鼻後嗅覺卻感受不甚明顯，那就可以搭配焦糖化香氣與觸感的強度、屬性來作為推論，看看是否是由焦糖化不足、RD 值過大所導致。

而呋喃類甜香氣（例如紅糖、黑糖、水果糖、焦糖、奶油、巧克力）的濃度與強度則與咖啡豆表烘焙度、爬溫的出鍋溫度以及 RD 值有著直接的關聯。

　　烘焙香氣的屬性例如對烤麥子、低沉的巧克力等描述，也反映出烘焙過程受熱的情況。由此可見屬性與強度對於烘焙判斷的重要性。

　　特別要注意的是，鼻後嗅覺所捕捉到的氣味常常與味覺相混淆，所以在判斷時可以先用手捏住鼻子來品嚐咖啡，此時香氣物質並不會順著氣流進入鼻腔，所以我們口腔中感受到的是咖啡所帶來的味覺與觸覺。

　　待捏著鼻子的手放開後，香氣分子隨著氣流進入鼻腔，此時我們捕捉到的才是清晰的鼻後嗅覺感受，我們可以藉著這樣的小技巧來區分味覺上的感受與鼻後嗅覺的感受差異。

　　而味覺感受上除了分辨酸甜苦鹹的強度之外，酸質的明亮上揚與低沉混沌也是屬性的標示重點。而甜味感受的強度也與香氣的焦糖化香氣相呼應。

　　過去在《咖啡行者的全息烘焙法》裡提到感官強度持續性記錄，「將感官區分為嗅覺與味覺兩類。並且進一步的分別依照感受到的訊息進行『種類』以及『強度』、『持續性』……的區分」的訓練方式即是**風味陣列**的基礎練習。藉由這樣的訓練方式將捕捉到的氣味與味覺感受依照強度與持續性變化進行描繪，即可體會各種氣味此起彼落在口中堆疊出的面貌，進而掌握口腔中的風味畫面。

感官強度與持續性記錄

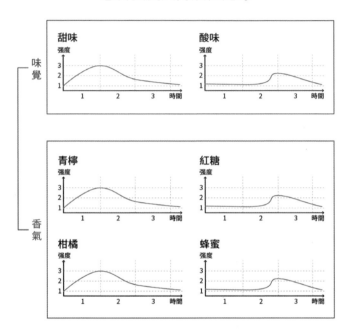

圖 1-8 感官強度與持續性記錄表

　　觸感的綿密度除了與烘焙度、萃取效率呈正相關之外，再搭配焦糖化香氣的強度、屬性一起判斷，也能反映出烘焙過程中的相關問題。

　　特別要注意的是，新鮮烘焙的咖啡受到豆體內二氧化碳排氣的影響，萃取效率較低且不穩定，並且人體對於味覺感受中的甜味、酸味在高溫下並不敏感，所以風味陣列的描述與判斷仍要等到咖啡溫度降低後才能下決斷。

口腔的觸感受到個人的生活習慣、飲食習慣影響，造成口腔脫水、乾澀等情況，進而對咖啡的觸感產生誤判。所以品測咖啡之前，必須先對自身的口腔狀況進行校正。校正的方式很簡單，可先將舌面與口腔上腔進行摩擦，感受舌面是否滑順且具包覆感？還是微微發乾帶澀感？並藉此結果來調整對於咖啡入口的感受程度。

▊ 感官訊息的累積與訓練

　　在多年的教學經驗裡，最常遇到的問題就是「老師怎麼辦？我都喝不出來咖啡的風味！」我想，這個問題的確是困擾了很多人，相信我，如果你也有這樣的困擾，那麼你絕對不是少數。要解決這個問題，我們在教學上是有方法能讓學員一步步的分析以及記憶的。

　　首先我們要認識到的是，所謂的「風味」不光是由香氣所組成，更包含了味覺與觸覺上的感受。

　　在日常生活中，周邊的食材、花草植物、飲料等都是我們隨手可得的材料。

　　例如，前陣子朋友圈很火的贛南臍橙，當我們切開橙子的時候，是否有聞到一股奔放鮮甜的香氣？如果有，請留意一下，這樣的香氣帶給你什麼樣的顏色聯想？是上揚還是低沉？是否有帶甜感？

　　將臍橙放入嘴中咀嚼的時候，可以試著在捏住鼻子的情況下咀

嚼,感受此時味覺上的酸甜。接著再放開捏住鼻子的手,感受那一瞬間的香氣衝擊。

是的,這就叫做鼻後嗅覺,仔細的感受它如同之前所說的,分析這股香氣帶給你的顏色聯想、上揚還是低沉、是否有帶甜感?這看似很普通的分析,其實是為了給這股香氣加上「關鍵詞」,方便你下次感受到類似的香氣時,在腦中的嗅覺記憶裡進行搜尋、檢索。

在感受的過程當中,你也可以利用更多的形容詞來詮釋這個香氣感受,例如刺激的、混沌的、帶酸感的、新鮮的等等。描述的形容詞越多,將來在腦中連結提取資訊時就越方便。

資料存進去了,關鍵詞也有了,那麼接下來就要將香氣進行分類了。

在此我們可以利用咖啡風味輪的分類方式作為參考,將感受到的氣味分為「上揚」的花香類、水果香,以及草本類香氣。扎實的堅果、焦糖、巧克力香氣以及低沉刺激的樹脂、香料、木炭等氣味。

只要保持這樣的練習,這樣的嗅覺記憶庫將會隨著日常生活的飲食而不斷累積。

以我生活的潮汕地區為例,各種茶葉、海鮮、牛肉火鍋、鵝肉、豬腳飯等都是我累積嗅覺記憶庫的材料。每當我初探朋友推薦的餐廳時,總是會對每樣菜品低頭細嚼。在菜脯蛋裡感受菜脯與雞

蛋的香氣，在牛肉丸當中感受筋道、嚼勁與牛肉的鮮香。雖然是同樣的菜品，但是各家手藝各有千秋，在這細嚼品味之下才能感受其中的奧妙。資料收集多了，當然分析能力也會不斷進步，有時候也會造成自己的困擾。例如，每當外地友人問我「哪一家牛肉火鍋好吃」的時候，我總是很難給出一個肯定的答案。

有了這些歸類以及關鍵詞之後，當你下次在品嚐咖啡、啤酒、威士忌、紅酒、茶、牛奶等飲品的時候，就可以依照香氣的種類（花、果、草……）以及關鍵詞（刺激、顏色、上揚、甜）來進行描述。剛開始可能對香氣描述得不夠具體，只能說出像花、像水果類這樣的詞彙，但是千萬別氣餒，因為你還有關鍵詞可以使用，例如：白色＋上揚＋帶甜感的花。或者是低沉＋帶苦感＋刺激＋藥味。只要多加練習，所描述的就會越來越清晰、準確。當然也可以對照咖啡袋上面的風味描述以及酒評來參考，看看與自己所感受到的香氣是否符合。

我會強烈建議這樣的訓練可以運用在日常生活的飲食過程裡，當你早晨飲用豆漿、牛奶的時候，是否有仔細感受他們的香氣、口感的厚薄度、甜感強度？咀嚼吐司、荷包蛋的時候是否有感受口腔裡味覺與嗅覺的搭配？尤其在甜的感受上，當你感覺到甜感的時候，是否靜下來分析味覺上的甜味與嗅覺上的甜香差異？這都是日常生活當中可以不斷累積訓練的基本功。

▍原生風味與處理法風味的累積訓練

討論完如何累積嗅覺記憶庫之後，接下來，作為一個咖啡從業人員又要如何增進自己的杯測能力呢？我想我們可以從種子到杯子的各個環節來分析、歸納。

咖啡豆在產地經歷了種植（產區、海拔、品種、採摘）、後處理（發酵、酯化）以及去殼分級。接下來運輸到消費國之後進行了烘焙（烘焙度、手法）、萃取。這些都將影響咖啡最終的呈現。尤其烘焙度與手法，更是增加了分析上的複雜度，如果不是有一定基礎的烘焙經驗，是很難從中進行歸納分析的。

拜國內咖啡產業蓬勃發展所賜，各地的咖啡節、咖啡展會以及比賽在一年十二個月裡接連舉行。這當然也是累積杯測經驗的好機會。仔細歸納下來，相關的活動不外乎以下三種：

1. 單一產地的杯測活動，例如 COE、BOP。
2. 單一賽豆的咖啡烘焙賽。
3. 生豆商的新豆杯測會。

隨著市場的拓展，這些競標豆再也不像過去那樣高不可攀。每年在各地舉辦的杯測會都是我們累積資料庫的好機會，以 COE（卓越盃）、BOP（最佳巴拿馬）為例，這種以單一產國的生豆競賽就會是了解該國產地風味的最佳課程，非常適合咖啡從業人員來參與。

在杯測之前，我會建議大家先對該國的產區、海拔、採收季節進行了解。在做足功課之後，杯測時可以先依產區為單位，將各種海拔的豆子從低到高喝一次，藉以掌握產區的風味共性。

例如，衣索比亞COE杯測時，我會先以熟悉的Guji區為優先，將相同地區的豆子依子產區（Uraga、Hambela、Shakiso等）、海拔喝一次。

RANK	SCORE	FARMER	REGION	Zone	Woreda	WEIGHT (kg)	VARIETY	PROCESS
1a	90.6	Tamiru Tadesse Tesema	Sidama	Bensa	Bensa	570	74165	Anaerobic
1b	90.6	Tamiru Tadesse Tesema	Sidama	Bensa	Bensa	570	74165	Anaerobic
2a	90.5	Dawencho G/H/D Bunna Amrach	Sidama	Arbegona	Arbegona	600	74110	Natural
2b	90.5	Dawencho G/H/D Bunna Amrach	Sidama	Arbegona	Arbegona	600	74110	Natural
3a	90.37	Tade GG Highland Forest Coffee Producer PLC	Oromia	East Gujji	Odo Shakisso	195	Typica	Natural
3b	90.37	Tade GG Highland Forest Coffee Producer PLC	Oromia	East Gujji	Odo Shakisso	180	Typica	Natural
4	90.2	Nare Ware Chimba	Sidama	Bona Zuria	Bona Zuria	1200	74112	Natural
5	90.1	Tamiru Tadesse Tesema	Sidama	Bensa	Bensa	1155	74158	Natural
6	89.6	Mulugeta Muntasha Bale	Sidama	Arbe Guna	Arbegona	1200	74112	Natural
7	88.76	Sintayehu Mesele Yirgu	Sidama	Bura	Bura	1200	74112	Natural
8	88.57	Assefa Dukamo Kerma	Sidama	Bensa	Bensa	915	74158	Washed
9	88.47	Rumudamo Ye Eshet Bunna Mefelfeya PLC	Sidama	Arbegona	Arbegona	1200	74112	Natural

圖 1-9　2021 衣索比亞 COE 競賽結果

接著再以品種為單位，將相同品種的咖啡依照處理法分別喝一次，藉以掌握品種的風味特色（例如 Gesha、74110、74112、74158等）。

但是各個咖啡產國的狀況不同,有些產國有相關的政府機關進行輔導與育種,在分辨品種上的可靠性比較高。而 Ethiopia 的情況比較複雜,除了少部分採取莊園式的種植管理外,大部分仍由小農各自進行種植,收成後再統一將紅果交給處理場處理,這種與中南美洲常見的莊園式管理截然不同,在品種的鑑別上仍有一定程度的誤差,所以在品嚐時要稍加留意。

由於近年處理法更趨於多元複雜,並且處理法的分界線越來越模糊,所以品嚐時可以先將處理法帶來的熟成、發酵、瓜果、草莓醬等香氣進行歸納,如此一來,即可以快速的從產區、品種、海拔、處理法等面向來進行掌握,但是仍然建議優先品嚐水洗處理的豆子,藉以了解品種、種植上的獨特風味。

最後再依照分數由低喝到高,品嚐每一分之間的差異。分析看看 85 分與 86 分的香氣複雜度差別在哪?酸度與甜度差別在哪? 90分又比 89 分好在哪?接著再參考國際評審的風味描述後,所獲得的資訊與感受就非常龐大,藉此來快速累積對產國、產區、品種、處理法的掌握,也就能對咖啡豆的原生風味、處理法風味有了很好的累積。

生豆競賽的杯測會通常以「保留咖啡的原生風味」為目標來進行烘焙,所以烘焙度一般來說都不會太深,在品嚐歸納時就少了「烘焙度」這一個變因。然而,偶然遇到有幾隻烘焙過淺或是過深的樣品時,也要忽略烘焙帶來的影響,仔細探索其中的細節。

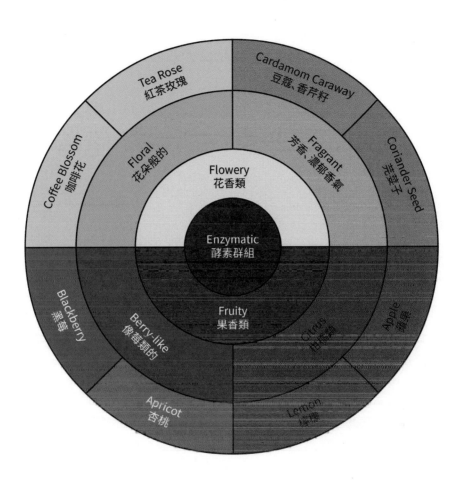

圖 1-10 高海拔咖啡的酵素類原生風味

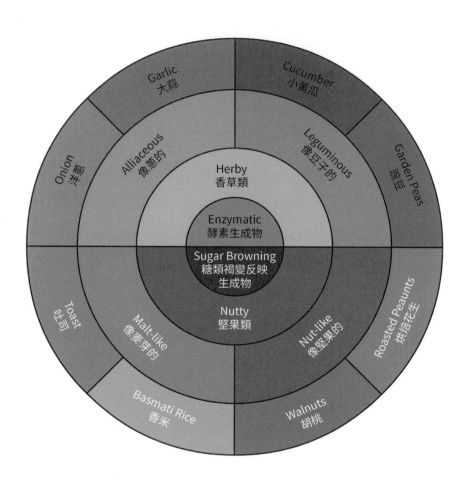

圖 1-11 低海拔咖啡的酵素類、烘焙風味

　　品質與強度並不是同一件事，必須明確的區分與分析。酸質與酸度也是如此，好的酸質會帶來明亮上揚的清爽感，在適當的與香氣、甜味搭配下將在口腔內營造出愉悅的風味美學。藉由競賽豆的杯測，有系統地掌握產地特色，這將對從事烘焙與生豆品質分析的夥伴來說，會是絕佳的教材。

從烘焙賽的杯測活動中擷取經驗

而咖啡烘焙賽方面，對於烘焙師來說則是很棒的學習機會。

以目前的烘焙賽規則來看，大多是參賽者烘焙同一支豆子。不只藉此機會好好一探豆子的風味潛力，如果能搭配烘焙機種類、操作曲線來杯測，那麼所得到的更是不同。

前陣子在一場網路享會裡，有朋友提問到如何突破自己的烘焙框架」？這真的是個好問題。

我所理解的烘焙框架，應該是「在熟悉的機器、豆子上所適用的理論」。就是因為適用，所以讓我們產生依賴並且以果為因，說服自己這樣的因果關係是合理的。

我們可以反問自己，如果把這樣的理論、手法套用在別台機器，結果又會如何呢？而這就是我的回答。

我會建議烘焙師朋友離開自己熟悉的舒適圈，到不同的環境去操作不同的機器。拋掉成見以及既有印象，面對陌生的環境與機器，好好的烘上幾鍋。藉此來檢視一下自己的烘焙理論是否可行？是否有盲點需要修正？

先前談到在杯測競賽豆之前，要先做好功課，將該國的產區特色、品種以及處理法先做個掌握。而烘焙賽的作品杯測也是如此，如果可以先針對參賽者使用的烘焙機進行掌握，例如機器的操作空間有多大？風門、滾筒轉速是否可調？調整的幅度有多大？以及機

器探針的葡萄糖焦糖化、T2、一爆、二爆的溫度點大約在哪個區間？對生豆的含水率、密度、目數大小、處理法等資訊進行了解，那麼看到的面向將會完全不同。

　　要能夠確實嘗試與熟悉不同的烘焙機，進而在杯測時搭配作品的烘焙曲線、豆子特性等進行分析，絕對不是一朝一夕可及，必須長期累積與磨練才能有所得，不然只是走馬看花罷了。

參考資料：

R. D. De Castro and P Marraccini (2006). Cytology, biochemistry and molecular changes during coffee fruit development. *Brazilian Journal of Plant Physiology*, *18*(1).

T. Joët (2009). Metabolic pathways in tropical dicotyledonous albuminous seeds: Coffea arabica as a case study. *New Phytologist*, *182*(1), 146-162.

T. M. Traore, N. L. W. Wilson, and D. Fields III (2018). What explains specialty coffee quality scores and prices: A case study from the cup of excellence program. *Journal of Agricultural and Applied Economics*, *50*(3), 349-368.

William John Rogers *, Stephane Michaux, Maryse Bastin, Peter Bucheli (1999), Changes to the content of sugars, sugar alcohols, myo-inositol, carboxylic acids and inorganic anions in developing grains from different varieties of Robusta (Coffea canephora) and Arabica (C. arabica) coffees. *Plant Science 149* (1999), 115–123.

阿里山豆御香藝伎莊園的 Geisha

Chapter 02
烘焙過程四階段的變化與能量掌握

▌焦糖化與梅納反應

　　在了解原生風味與處理法風味的捕捉與累積方法之後，接下來我們談談烘焙風味的部分。烘焙風味主要來自於咖啡豆內的物質受熱後所進行的一系列化學反應，在風味輪上主要體現在褐化群組以及乾餾群組裡面。而這兩個群組的風味主要是由糖類的焦糖化以及梅納反應所建構出來的。

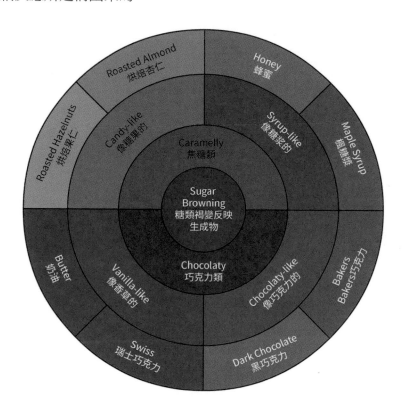

圖 2-1　糖類褐化反應帶來的烘焙風味

咖啡豆內的醣類分為單醣、雙醣與多醣類三大類別，其中果糖、葡萄糖（兩者皆為還原糖）為單糖，蔗糖（非還原糖）為雙糖。而細胞壁裡的纖維素、木質素則為多醣類。

果糖與葡萄糖均會進行焦糖化，並且會產生甜杏仁、麥芽糖類的香氣，以及顏色帶黃色的糖醛物質。

果糖焦糖化與觀察重點

當豆表（是豆表不是整顆豆子）受熱到達 110 度時，豆表即會進行果糖焦糖化。而此時豆子內部因為受熱程度不如豆表來得及時，豆子內部不會同時到達果糖焦糖化 110 度的階段，甚至有一定的溫度差距。在烘焙的過程中可以藉由切藥器或是剪刀將咖啡豆剖開，觀察豆子剖面顏色以及氣味來掌握豆子內外的烘焙度差距。

以筆者的經驗而言，當豆表到達果糖焦糖化時，會呈現出**帶甜感的麥芽香氣**。而豆內的溫度卻遠不及豆表，溫度仍然低於 100 度，處於水分活躍的狀態並且散發出**水煮青草的氣味**。在取樣聞香氣的時候，所感受到的氣味將會是這豆表與豆內兩者結合的氣味。所以當豆表出現淡黃色或者是淡淡的黃綠色時，可以藉由氣味上的輔助判斷，如果此時有著甜麥芽香氣以及水煮草味，甚至感覺像是**甜甘蔗香氣**時，則代表豆表到達了果糖焦糖化的階段了。

豆表：色澤為淡黃色、淺黃色甚至淡黃綠色。氣味為帶甜感的麥芽香氣。

豆內：色澤為淡綠色、白色。氣味為水煮青草的氣味。

圖 2-2 豆表升溫到達果糖焦糖化時

葡萄糖焦糖化與觀察重點

接著當豆表（是豆表不是整顆豆子）升溫到 145 度左右時，豆表即開始進行葡萄糖焦糖化。在正常的烘焙節奏下，豆表經歷了果糖焦糖化後接著到達葡萄糖焦糖化，所產生的糖醛物質濃度與上一個階段果糖焦糖化還要來得高。此時豆內應該已經升溫到達果糖焦糖化的階段，甚至已經進行了一段時間的果糖焦糖化了。所以豆表與豆內所散發出來的氣味都是糠醛所帶來的濃郁厚實的麥芽糖香。

豆表的色澤在經歷過果糖焦糖化的淡黃色之後會逐漸加深，呈現出正黃色或是橘黃色的色澤。部分密度較低或是水分含量較高的

豆子會在此時因為水分的失去而導致豆子表面抽皺。

　　隨著能量逐漸傳遞到豆內，此時豆內大約已經進入果糖焦糖化的階段，此時觀察豆子的剖面則可以看到淺黃色。

豆表：色澤為正黃色、橘黃色。氣味為濃郁麥芽糖香。

豆內：色澤為淡黃色。氣味為麥芽糖香氣。

圖 2-3　咖啡豆表到達葡萄糖焦糖化的階段，剖面顏色為淺黃色，進入果糖焦糖化階
　　　　段

　　果糖與葡萄糖在咖啡豆中的含量偏低，約占整體咖啡豆的 0.1% 左右，看起來無足輕重。但是果糖、葡萄糖的焦糖化受溫度的影響而進行，並且產能色澤以及氣味上的改變，這就是我們掌握豆子真實升溫狀態的觀察重點。

Tab.1

Chemical composition of raw and roasted coffees in g /100 g db (Illy and Viani, 1995).

Component	Arabica coffee		Robusta coffee	
	green	roasted	green	roasted
Polysaccharides	49.8	38.0	54.4	42.0
Sucrose	8.0	0	4.0	0
Reducing sugars	0.1	0.3	0.4	0.3
Other sugars	1.0	no data	2.0	no data
Lipids	16.2	17.0	10.0	11.0
Proteins	9.8	7.5	9.5	7.5
Amino acids	0.5	0	0.8	0
Aliphatic acids	1.1	1.6	1.2	1.6
Quinic acids	0.4	0.8	0.4	1.0
Chlorogenic acids	6.5	2.5	10.0	3.8
Caffeine	1.2	1.3	2.2	2.4
Trigonelline (including roasted by-products)	1.0	1.0	0.7	0.7
Minerals (as oxide ash)	4.2	4.5	4.4	4.7
Volatile aroma	traces	0.1	traces	0.1
Water	8 to 12	0 to 5	8 to 12	0 to 5
Caramelization and condensation products (by difference)		25.4		25.9

圖 2-4 阿拉比卡與羅布斯塔豆咖啡豆內烘焙前後成分比例

蔗糖焦糖化與觀察重點

接下來當豆表（是豆表不是整顆豆子）升溫到 160 度時，蔗糖會逐漸開始進行焦糖化。由於豆表的水分已漸漸脫去，咖啡豆表現

受到結構與密度的影響，有些咖啡豆會慢慢呈現收縮抽皺的情況，接著豆表會生成褐色的物質或紋路，這也是我們所說的大理石紋，在教學上我們習慣以 T2 稱之。隨著蔗糖焦糖化的開始，陸續產生出醋酸、乳酸與甲酸等氣味，其中以醋酸較為明顯，伴隨著大理石紋路的出現，氣味上也從濃郁的麥芽糖香氣轉變成帶有刺激感的麥芽糖香。

　　這時候的豆表已經逐漸收縮，由柔軟的橡膠態逐漸轉變為較為堅硬的狀態，所以從這時候開始，豆表進入到玻璃態的物理狀態。但是豆子內部被加熱的程度不及表面來的即時，所以此時內部仍未到達蔗糖焦糖化的階段，仍處於葡萄糖焦糖化的過程。

豆表：表面收縮，並且色澤上出現褐色紋路。氣味飄散出有刺激感的醋酸。

豆內：仍呈現正黃色。氣味上仍是濃郁的麥芽糖香氣。

圖 2-5　當豆表到達蔗糖焦糖化 T2 階段時，剖面顏色為正黃色，約在葡萄糖焦糖化階段

接著在 T2 大理石紋之後，豆子內部也逐漸擺脫葡萄糖焦糖化的階段，使得麥芽糖氣味會逐漸消逝，進而升溫至蔗糖焦糖化。此時帶有刺激感的醋酸與糖炒栗子般的氣味會更加濃郁，並且持續到一爆之後。

蔗糖焦糖化會產生呋喃類帶甜感的香氣以及醋酸、乳酸、甲酸的物質，以及二氧化碳、帶苦味與醇厚感的黑色素物質。但是實際上糖類褐化反應過程裡的原材料與生成物質會在受熱後不斷堆疊、纏繞，生成物以及狀態也是不斷改變中。就像是孩童捏揉的黏土，不同顏色的黏土在彼此攪拌下揉成一體，漸漸失去了各自原有的顏色，最終堆疊出一個混雜的結果。

如果參與揉捏的顏色越少、越單純、色系越接近，那麼最終呈現的顏色就越具有識別度，色系也不會有太大的差異。反映在糖類的焦糖化上也是如此。糖分含量較高的豆子在正確的烘焙下，焦糖化的生成物也會互相堆疊、纏繞，所產生的香氣物質從甜麥芽、紅糖、黑糖、蜂蜜、焦糖再到巧克力，最終隨著原材料蔗糖的消耗殆盡而逐漸停止、炭化，但是這過程中所產生的香氣也都會帶有一致的特性（色系）──甜感。

這些氣味的變化當然是因為豆表與豆內的烘焙度不同所複合在一起的結果，所以這些氣味也能對應到咖啡豆不同的烘焙度、發展程度，以及豆表受熱程度上面。

由於阿拉比卡豆的蔗糖含量約占 8%（甚至更多），所以掌握蔗糖焦糖化就顯得很重要。一來帶給你氣味上的香甜感，二來蔗糖焦

糖化所產生的二氧化碳與細胞壁內殘餘的水蒸氣產生的壓力，在一爆時撐破細胞結構讓豆體膨脹，而細胞壁呈現像海綿般的多孔性，最終使咖啡豆好研磨、好萃取。更重要的是，蔗糖焦糖化所生成的脂肪酸蔗糖酯是一種界面活性劑，有助於精油類的原生風味穩定的溶出、萃取。就精品咖啡追求風味的乾淨度與愉悅度來說，更勝於另一種界面活性劑梅納反應生成的梅納丁。所以掌握焦糖化的過程是精品咖啡烘焙的重中之重。

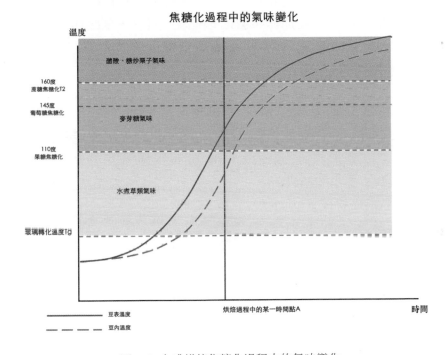

圖 2-6 咖啡烘焙焦糖化過程中的氣味變化

以（圖 2-6）烘焙過程中某一時間點 A 為例，豆子表面已經升溫至 110 度以上，所以豆表已經進入果糖焦糖化階段，並呈現出淡

黃色的色澤，散發出麥芽糖香氣。而代表豆內的虛線部分仍處於110度以下，實際上我們使用剪刀或是切藥器將豆子剖開時可以看見，此時豆內呈現淡綠色、白色的色澤，並且散發出類似水煮青草的氣味。所以此階段將咖啡豆樣取出時，所感受到的氣味會是水煮青草的氣味中伴隨著麥芽糖香氣。

接著繼續加熱咖啡豆至160度時（代表豆表的實線與160度溫度線交會處），豆子表面開始收縮呈現褐色大理石紋路，代表豆內溫度的虛線仍處於在葡萄糖焦糖化的階段，將豆子剖開觀察，剖面呈現正黃色色澤。因此，此時捕捉到的氣味應該是濃郁的麥芽糖香氣中伴隨著些微的醋酸香氣。

烘焙過程中咖啡豆表與豆內的氣味、色澤變化是各自逐漸轉變進行著，因此也可以藉此推算出豆表與豆內的烘焙節奏是否恰當，若此時豆內仍處於淡黃色階段，則勢必造成咖啡豆內外烘焙度差距過大且風味不集中的結果。

▌焦糖化的觀察與烘焙曲線的關聯

在了解糖類焦糖化的過程與變化後，我們進一步來討論這些色澤、氣味的掌握以及運用。由於每一台烘焙機所配置的溫度探針不同，安裝的位置也不同，有些溫度探針安裝在出豆閘門上，有些安裝在取樣口周圍，所以不同烘焙機彼此間的溫度數據並不一定有關聯。如果盲目迷信烘焙曲線，並且一樣的畫葫蘆複製，那麼最終得到的結果通常都是不盡人意的。

並且溫度探針所捕捉到的溫度，其背後的能量組成受到不同的氣流與滾筒轉速的影響，也將會有所不同。實際上探針所反映出來的溫度數據並不能夠體現豆子的真實溫度，也因此豆子的真實溫度與機器的探針溫度始終存在著差異。不過我們小心翼翼所記錄的烘焙曲線也並非毫無用處，而是要更加留意豆子的色澤變化以及氣味。

　　如先前所述，糖類的焦糖化直接受到溫度的影響而進行，所以當豆子受熱並且溫度上升接近至 110 度時，果糖焦糖化即逐漸開始進行，豆子表面出現淡黃色或者是黃綠色的色澤，並且散發出些微甜甜的麥芽糖香以及水煮草的香氣。接下來隨著溫度上升而陸續進行葡萄糖焦糖化與蔗糖焦糖化，而與之對應的色澤、氣味變化就可以作為對豆子烘焙節奏的掌握。

　　以（圖 2-7）為例，當豆子在回溫後持續升溫至 135 度左右時，我們藉由取樣判斷咖啡豆出現淡黃色以及淡淡的麥芽糖香，此時即可標注為果糖焦糖化。接下來升溫至 155 度時，豆子表面出現正黃色以及濃郁的麥芽糖香氣，也意味著葡萄糖焦糖化（實際溫度約為 145 度）的到來。雖然每個人對顏色的判斷以及氣味的識別會有主觀上的差距，但是這些註記只是作為烘焙節奏的掌握，用以判斷豆子的升溫狀態是否符合預期，所以只要個人的判斷標準保持一致即可，更何況咖啡生豆中果糖與葡萄糖含量較少，對於烘焙結果不會有太大的影響。

　　但是接下來的蔗糖焦糖化（大理石紋，T2 點）的觀察就特別重

要，因為此時豆子表面已經開始收縮出現褐色的大理石紋，並且取樣時捕捉到刺激且帶酸感的香氣，這個現象既反映出咖啡豆蔗糖含量的高低，也意味著豆子表面的真實溫度到達了 160 度以上。

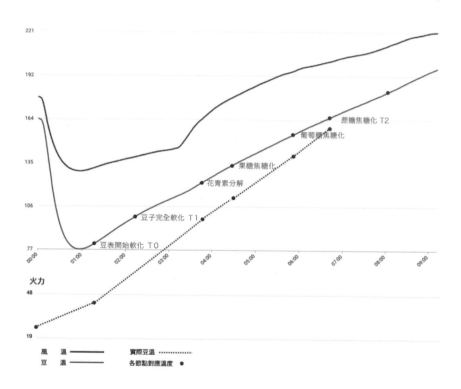

圖 2-7 烘焙過程中色澤的觀察與咖啡豆實際溫度的對應

　　同樣在 Beanbon 浮風式烘焙機的操作過程中也同樣可以觀察焦糖化過程（如圖 2-8）。雖然果糖與葡萄糖在咖啡生豆中的含量比例較低，由於焦糖化與溫度間的直接關係，因此我們可以藉由觀察焦糖化的時間點與溫度點作為豆子升溫節奏的參考。並且藉由氣味的

捕捉、取樣剖開豆子來推測豆子內部的烘焙程度，這對烘焙節奏的掌握，以及品質的穩定非常重要，甚至在不同烘焙機上烘焙相同的豆子，觀察的重點依然是圍繞在豆子本身，而不是烘焙曲線。

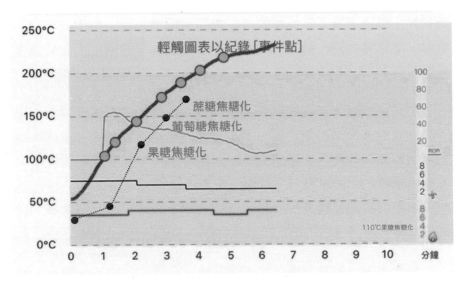

圖 2-8 浮風式烘焙機 Beanbon 的烘焙過程觀察與咖啡豆實際狀態的對應

值得注意的是，浮風式烘焙機 Beanbon 這種對咖啡豆較為單純的熱源供應，不需要預先熱機，並且僅靠熱空氣加熱、翻攪咖啡豆堆的烘焙方式，對烘焙師來說既沒有入豆溫的設定問題，也沒有回溫點。實際操作下來，在烘焙過程中的曲線變化更貼近咖啡豆的實際狀況。

▌梅納反應

　　在討論完焦糖化之後,接下來就進入到梅納反應的部分。與焦糖化相比,梅納反應更顯得複雜多變,梅納反應是還原糖(果糖、葡萄糖)與胺基酸不斷反覆聚合生成的過程,過程中會生成吡啶、吡嗪、吡咯等物質,接著再經過反覆堆疊纏繞、的聚合生成最終生成物「梅納丁」這種帶厚實、苦味、澀感、低沉感等感受的物質。

　　如果說糖類一系列的焦糖化過程是同色系的顏料彼此混拌,那麼梅納反應就像是不同色系、不同濃度的顏料隨著時間、溫度、壓力等環境條件改變,不斷地攪拌在一起,既複雜又多變難以控制,且無法單純的生成某種特定的香氣物質。咖啡豆裡面約十八種胺基酸在與不同的還原糖進行反應,並且過程中的產物彼此還會疊加融合、反應,使得這些生成物在反應過程中是種動態的改變。

　　整體來說,梅納反應所生成的吡啶、吡嗪、吡咯等物質大多帶有煙、焦、烤、鹹、鮮等感受,並且隨著反應的進行,這些生成物不斷地纏繞堆疊,最終生成褐色且具有苦味、厚實感、雜澀感的類黑素(梅納丁)。

　　過去的烘焙觀念非常重視梅納反應的進行,並且認為這是咖啡千香百味的根源,其實一點也沒錯。在精品咖啡的觀念往產業上下游的消費端與種植端延伸並且普及之前,我們習慣的是渾厚、甘苦且具有濃郁煙焦味、巧克力味、烤堅果味等「咖啡味」的咖啡,並且在奶精、方糖的陪伴下品嚐著,這些我們所享受的咖啡味不就是梅納反應所帶來的風味感受?

表 2-1 咖啡豆內不同胺基酸參與梅納反應過程中所產生的香氣

不同胺基酸與醣類所產生的香氣					
含量排名	簡稱	名稱	作用的醣類	溫度	產生香氣
1	Ala	丙胺酸	葡萄糖	100 至 220	焦糖味
2	Asn	天門冬醯酸	葡萄糖		堅果味
少量	Gln	麩胺酸	葡萄糖	100 至 220	堅果味、巧克力味
3	Gln	穀胺酸	葡萄糖	100 至 220	鮮味
4	Ser	絲胺酸	葡萄糖	100 至 220	巧克力味
5	Phe	苯丙胺酸	葡萄糖	100 至 140	巧克力味
			果糖		臭味
6	Val	纈胺酸	葡萄糖	100	黑麥麵包味
7	Try	酪胺酸	葡萄糖	100 至 220	巧克力味
9	Asp	天門冬胺酸			
10	Gly	甘胺酸	葡萄糖		炙燒脆糖味
			糖		牛肉湯味
8	Arg	精胺酸	葡萄糖	100	爆米花味
9	Lle	異白胺酸	葡萄糖	100	芹菜味
烘焙產生	Cys	半胱胺酸	葡萄糖	100 至 140	肉味、牛肉味
			維他命 C	140	肉味、牛肉味
11	Pro	脯胺酸	葡萄糖	100 至 140	堅果味
			葡萄糖	180	麵包、烘烤味
少量	Leu	白胺酸	葡萄糖	100	巧克力味
6	Thr	蘇胺酸	葡萄糖	100	巧克力味
			維他命 C	140	雞肉味
少量	Met	白硫胺酸	葡萄糖	100 至 140	熟馬鈴薯味
12	His	組胺酸			
只有非親水性的胺基酸才能產生香氣（Food flavor Technology）					

表 2-2 梅納反應生成物代表性香氣

梅納反應生成代表性香氣	
吡嗪類	鮮炒味、烘烤味、烤麵包、烘烤穀物
烷基吡嗪	堅果、烘烤香
烷基吡啶	草味、苦味、焦味
乙醯吡啶	烤餅乾
吡咯	穀物
呋喃、呋喃酮、吡喃酮	甜味、焦味、刺激辛辣味、焦糖香
氧唑	草味、堅果、甜味
噻吩	肉味

　　試想，由咖啡消費國發起追求地域獨特風味 Terroir 等鳥語花香、酸質、甜感的精品咖啡發展至今亦不過二十年，在市場的帶動下開始蓬勃發展與推廣也是近十年內的事。但是就咖啡生產國的種植端來說，主要追求的還是產量與收入，而不是現在所說的地域風味。在那個追求咖啡豆又大又圓的時代裡，咖啡豆的原產地與採收、處理、包裝、運輸都較為粗放，比起淺烘焙的草味、麥子與土味來說，深烘焙當然是唯一的選擇，也是最符合市場需求的選擇，因此梅納反應帶來的烘焙風味當然非常重要。所以就烘焙來說，食材本身也限制了最終的結果呈現。

　　梅納反應在常溫下反應非常緩慢，並且隨著溫度的上升而加速。並且在鹼性的環境中反應明顯加速，當溫度升溫至 190 度之後焦苦味逐漸加深。而這個溫度指的是豆子本身的溫度，而不是我們一般烘焙機探針所測得的溫度數據。其中果糖可以引起七倍多的反應效率，值得我們關切的是果糖與葡萄糖在咖啡生豆中的含量雖然較低，但是仍不可輕忽。

特別是當咖啡豆內部的水分活躍時，若沒有及時給予能量將水分脫去，活躍的水分將會使蔗糖水解後產生葡萄糖與果糖，接著將隨著溫度升高與胺基酸一起受熱進行梅納反應，當然也會增加梅納反應的生成物。而咖啡豆的蛋白質水解後也將產生更多的胺基酸，亦會增加後續梅納反應所需的物質。而蔗糖水解後造成蔗糖含量的減少，也使得接下來升溫到 160 度焦糖化時的反應程度下降，一爆後豆子的膨脹度、纖維的多孔性降低，不利於咖啡豆的萃取以及風味的展現。

　　所以高品質的咖啡在進行淺烘、淺中等烘焙度，我們要盡量避免產生這樣的香氣感受以及梅納反應的進行。

　　相較於應避免的蔗糖加水分解而導致的梅納反應，深烘焙的情況下所進行的梅納反應則是無法避免的。在深烘焙的情況下，細胞壁內的多醣類會受熱分解並產生阿拉伯半乳糖、半胱胺酸以及癒創木酚等物質，而阿拉伯半乳糖亦是還原糖的一種，在此情況下細胞壁的受熱分解則是無可避免的，並為梅納反應增添原材料，最終生成風味輪裡面乾餾群組的深烘焙香氣。對於低海拔咖啡豆以及大宗商業咖啡豆而言，由於本身蔗糖含量偏低或是品質不佳，深烘焙的梅納反應則是最佳的風味面貌。

　　以筆者的實務經驗來說，正常情況下烘焙度低於艾格壯（Agtron）數值 65 左右時，即可在杯測時捕捉到細胞壁分解所產生的煙焦味(不同測量儀器的數值可能有差異)。此外，咖啡生豆密度偏低，或者是有氧發酵程度較重的豆子在烘焙過程中特別容易因為

細胞壁分解而產生煙味、焦味。前者常見於中低海拔咖啡豆，後者由於近年咖啡豆處理法百花齊放，有些處理過程裡進行有氧發酵時間較長且發酵程度較重，使得細胞壁內的纖維素遭到微生物分解，影響植物纖維的強度。為了避免煙味、焦苦味的產生影響風味乾淨度，所以在烘焙上要特別注意爐內能量的掌控。

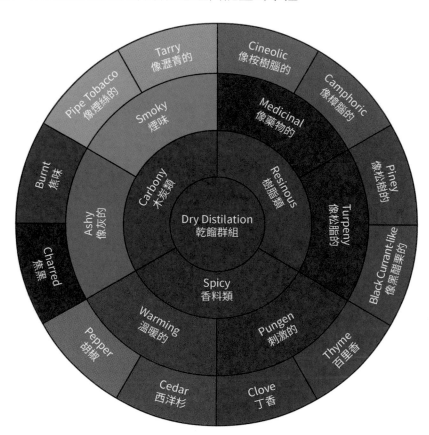

圖 2-9　深烘焙下所展現的乾餾群組香氣

▌烘焙度的界定與糖類褐化反應

過去在烘焙度的界定上，我們習慣以淺烘、淺中、中烘焙等來表示。甚至為了更精確的說明，我們會先告知一爆時間與溫度，接著再告知一爆後爬溫多少度？用時多長來精確表示。

前者其實籠統模糊，歷史悠久的消費市場如歐洲與美、日都各有標準，如今每個店家對於淺烘、中烘也有各自的理解、定義。而後者看似更精準，將一爆與出鍋的時間與溫度都說明清楚，但是實際上光是一爆點的定義對於每個烘焙師來說都不一樣，有些人是以一爆第一響為記，有些人是第三響，萬一遇到豆子遲遲不爆不響，又該怎麼辦呢？

各年代烘焙度名稱					烘焙階段
1920-1930			1970	2000	
USA		Europ	Japan	USA	
Light	波斯頓	(英國)		Cinnamon Light	FC一爆
Cinnamon					
Medium	美國西部		淺度烘焙（美式）	City	
				Medium	
Hight	美國東部		中度	light French (Vienna)	SC二爆
City					
Full City		德國	中深度烘焙	Italian (Dark、Expresso)	
French		法國			
Italian	美國南部	義大利	深度烘焙	French	
		北歐		Italian	

圖 2-10 各地烘焙度喜好與定義

　　實際上一爆是個物理現象，但是受到豆子本身的結構以及烘焙過程的影響，有些咖啡豆的一爆響聲並不明顯，甚至根本沒有爆裂的響聲。因此在時間與溫度的表述之外，可以再加上艾格壯數值來界定，會讓烘焙度的掌握更加準確。

　　至於一爆點的斷定，筆者個人習慣在一爆聲出現之前，且確認豆表與豆內都進入蔗糖焦糖化（都呈現褐色）之後的狀況下，選定一個溫度點作為一爆，藉此計算接下來的平均升溫速率。

　　艾格壯數值的測量方式是利用紅外線照射到炭化物質時會被吸收的特性，炭化程度越嚴重，吸收的紅外線就越多，折射回來的光線就越少。因此可以依照光線折射回來的程度來界定烘焙度。炭化的越低，折射回來的光線就越多，所測得的數值就越大。

　　烘焙過程中，糖類的焦糖化與梅納反應分別會產生黑色素、梅納丁等物質，都會吸收紅外線。所以我們測得的數值只是代表炭化的程度，不能具體分析炭化是來自於焦糖化還是梅納反應。所以即使是相同的艾格壯數值，風味表現未必會相同，但是我們仍可以透過嗅覺對於氣味的判斷，來分辨該烘焙度下的氣味呈現，甚至藉由判斷氣味的屬性、來源來評估整個烘焙過程。

　　而顏色與艾格壯數值有 70% 至 80% 的正相關，甚至部分烘焙度檢測儀器廠牌的測量原理，是在拍照後解析畫面顏色來進行運算。所以我們當然可以藉由肉眼對顏色的判讀，從而推測出烘焙度的大致範圍，這也是每個烘焙師的基本功，尤其在出鍋之前的取樣對色更是重要！

在教學上我會訓練要求烘焙師掌握 90-80、80-70、70-60、
60-50 等四個色值區間，因為這是凸顯精品咖啡原生風味所常用的
區間。而一爆後的爬溫與發展時間都會使色值逐漸加深，所以可以
多練習眼睛對色值的對色判讀，這樣有助於出鍋時機點的掌握。

圖 2-11　使用烘焙色度儀進行測量

　　這樣的儀器當然會受到咖啡豆、粉的樣品狀況所影響，例如是否有銀皮？咖啡粉的研磨刻度與分布方式都會影響檢測的結果，更何況不同廠牌儀器的檢測結果之間都存在差距，理論上近紅外線有一定的穿透力，可以忽略銀皮對數值判斷的影響，實際上不然。以筆者過去曾參與的測評經驗來說，相同廠牌的儀器都會有誤差，更何況是不同廠牌、不同檢測方式的儀器。但是在日常操作中，只要固定使用一種儀器並且保持相同一致的測量手法即可。儀器間的誤差數值是客觀存在的，但是不至於有正負十以上的誤差。並且，只要牢記自己儀器的色值區間所對應的顏色、氣味，即可掌握不同儀器間的數據差異並自行補償。

　　在測量艾格壯數值時，除了豆表與粉的數值之外，還有一個RD值 RoastDelta 也值得我們注意。RD值的計算方式為計算豆表與粉之間的數值差距，RD值越大代表豆表與咖啡粉之間的數值差距越大，可以預期的是風味就越寬廣，並且包括集中度與強度弱（當然也受豆子品質影響）。而RD值越小，風味就越集中，甚至呆板。

▌ 玻璃轉化溫度 Tg

　　高分子物質在低溫的狀態下，由於分子間的鍵結較為穩定，所以物質呈現出堅固的狀態稱為「玻璃態」。當物質受熱後溫度高過某一個溫度點時，分子間的鍵結開始運動，使物質呈現軟化現象，此現象稱之為「橡膠態」。而這一個特定的溫度點則是該物質的玻璃轉化溫度 Tg。

　　食品當然也存在玻璃轉化溫度的現象，以咖啡豆來說，咖啡豆內存在的水分也將會大大地影響到豆子的玻璃轉化溫度。由於水是很強的增塑劑，純水的玻璃轉化溫度約為 -135 度。也因此含水率越高的咖啡豆玻璃轉化溫度也就相對於含水率低的豆子來得低。烘焙開始後不久，豆表即到達玻璃轉化溫度並且進入到橡膠態，接下來隨著烘焙過程中水分大幅度失去，咖啡豆的表面也率先回到玻璃態。

　　就咖啡生豆內的物質而言，水分是導熱效果相對較佳的物質，所以當烘焙過程中，咖啡豆進入水分較為活躍的橡膠態階段，也就是將能量導入豆內的絕佳時機。咖啡烘焙的能量供應與調整，則是依照水分活躍的狀況、水分含量，以及導熱狀況來進行調整。

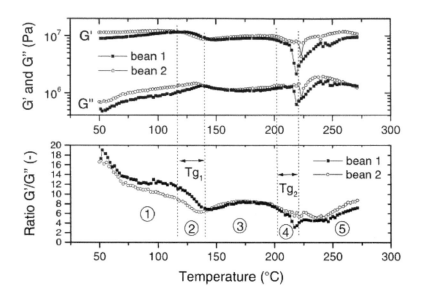

Fig. 34: *Dynamic mechanical thermal analysis (DMTA) of coffee bean slices clamped between a plate-plate measuring geometry. Dynamic testing (oscillation) with a heating rate of 5 °C min⁻¹. G': Storage modulus. G": Loss modulus. The ratio G'/G" is a suitable mean to monitor softening phenomena during heating. 1: Moderate general softening due to heating. 2: First glass transition (Tg₁). 3: Trend to moderate hardening due to dehydration. 4: Second glass transition (Tg₂). 5: Trend to hardening due to progressive dehydration and subsequent increase of Tg.*

圖 2-12 科學家使用 DMTA 動態力學分析儀 將兩支不同含水率的豆子切片成 3mm, 並且以 5℃/min 的速率從 30℃ g 加熱到 250℃。並且在 130℃至 170℃以及 20℃至 230℃之間咖啡豆的質地發生明顯的變化。

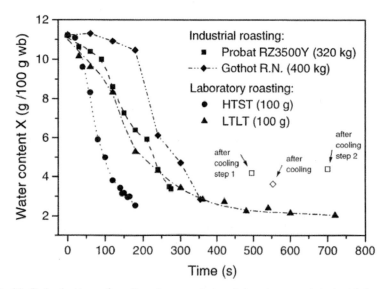

Fig. 10: *Dehydration of coffee beans during laboratory and industrial scale roasting (Commercial blend of 100 % C. arabica).*

圖 2-13 高溫快速烘焙與低溫慢速烘焙對水分含量的影響

▌烘焙過程的四個階段

在了解了玻璃轉化溫度之後，我們發現咖啡豆的導熱效果會隨著水分含量而改變，由堅硬且導熱效果差的玻璃態開始，逐漸升溫到玻璃轉化溫度後的橡膠態，接著水分大幅脫去後再度轉變成玻璃態。這個過程中，由於能量由外往內傳遞的緣故，導致咖啡豆外層與內部的溫度、水分失去程度有明顯差異，進而導致烘焙程度內外有別。

除了咖啡豆從玻璃態到橡膠態，接著再從橡膠態進入到玻璃態這兩個階段之外。實務操作上，我們習慣將咖啡豆表面升溫至蔗糖焦糖化，以及一爆點也作為烘焙階段的分界，將整個烘焙過程分成四個階段來看待。

烘焙過程的四個階段

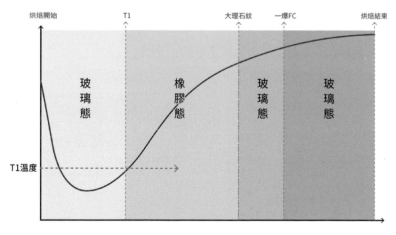

圖 2-14 烘焙過程的四個階段

在這四個階段裡，咖啡豆內會進行各種物理化學變化，例如過去的章節裡我們討論到焦糖化與梅納反應，以及從入豆開始的堅硬狀態，漸漸變軟、變大、變輕，然後開始變黃、收縮、爆裂等過程。必須將這些理論與觀察結合在一起，才能掌握烘焙過程中能量的供應。

玻璃態：入豆到 T0/T1

烘焙開始後，隨著溫度的上升，咖啡豆會由堅硬的玻璃態逐漸轉變為柔軟的橡膠態。這個過程裡咖啡豆表首先受熱升溫到達玻璃轉化溫度 Tg，此時咖啡豆表的水分開始活躍，使得表面呈現柔軟的橡膠態，在教學上我們習慣稱咖啡豆表軟化的狀況為 T0 點。

由 T0 點開始，能量藉由逐漸活躍的水分傳遞至豆內，使咖啡豆內的溫度上升，當整顆咖啡豆都升溫到達玻璃轉化溫度 Tg，完全進入橡膠態並且呈現軟化的狀態時，在教學上我們稱為 T1 點。

圖 2-15 為 T0 點，當豆表到達玻璃轉化溫度時，即可使用指甲或堅硬物壓出凹痕

圖 2-16 T0 點時由豆子的剖面可看出，靠近豆表外圈的軟胚乳層已經變白軟化

圖 2-17 為 T1 點，豆表顏色轉淡且豆體軟化，可輕易撕開擠壓，豆子釋放出水煮草
本植物的氣味

圖 2-18 T1 點時豆子的剖面已經完全變白軟化

　　由於在 T0 之前咖啡豆內的水分並未活躍，所以在 T0 之前進行取樣時所捕捉到的氣味，則是與入鍋前的生豆相同的氣味。而當豆子升溫到達玻璃轉化溫度 Tg，並且豆表開始軟化、豆表水分開始活躍的時候。這個時候除了生豆的原始氣之外，還會有類似水煮青草般的氣味。如（圖 2-19）所示，T0 時間點的黃色垂直線與藍色實線、虛線交匯處，代表豆表的實線此時已經開始有水煮草的氣味，而代表豆內的虛線仍然在生豆氣味的區塊。

　　隨著時間前進，接下來能量逐漸從咖啡豆外層往內部傳遞，水煮青草般的氣味也會逐漸濃郁，直到豆子完全軟化進入到 T1 後的橡膠態階段（如圖 2-19）T1 時間點所示。也因為 T1 點豆子內水分完全活躍，並且呈現柔軟的狀態，所以實務上可以透過咖啡豆撞擊聲來作為判定的輔助。當咖啡豆到達 T0 狀態前，咖啡豆與鍋爐壁的撞擊聲與剛入豆烘焙時無異，但是當進入 T1 的時候撞擊聲明顯

柔和許多。這種氣味、色澤與聲音的變化在 Beanbon 浮風式烘焙機
上面尤其明顯，T1 時豆子撞擊玻璃壁的聲音明顯由硬物的撞擊聲改
變軟物柔和的擦碰聲。

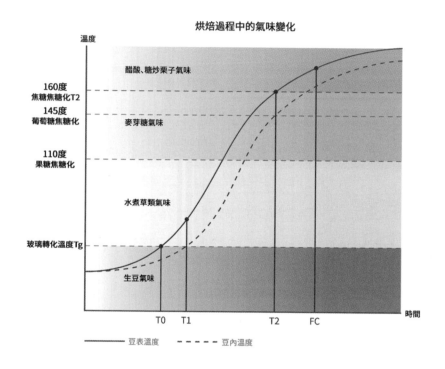

圖 2-19 烘焙過程中的氣味變化

　　筆者過去在使用小型烘焙機的時候，習慣將手放在排煙管附
近，目的是感受排氣的濕度。當豆子水分活躍時，豆體內被釋放的
水分會隨著氣流排放出來，這也是判斷 T0 點的依據之一。由於過
去所使用的烘焙機與監控系統較為落後，只能憑藉著感官的眼耳手
鼻來捕捉訊息。如今烘焙機的設計理念與技術已經今非昔比了，判

斷 T0/T1 的狀態除了取樣分析以及從烘焙曲線上來判斷外，排煙中的水分監測也是一個方式。筆者在泰國教學時使用的盧貝思近紅外線烘焙機進行教學時，即發現一個該機器上的空氣含水率監測能實際反映 T0/T1 水分釋放的現象。

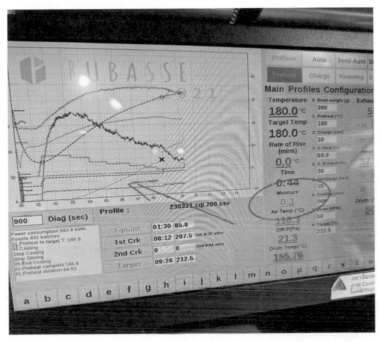

圖 2-20 筆者使用盧貝思烘焙機時，觀察水分逐漸活躍的 T0/T1 階段

　　烘焙過程中咖啡豆開始受熱、軟化，漸漸開始將能量往豆體內部傳導，傳導的過程中則會受到豆子的目數大小以及密度的影響。豆子大小目數越大，則從豆表傳導到豆內的路徑越長。而豆子密度越高，則傳導過程中受細胞壁的阻礙就越多，也因此目數與密度大小則是影響 T0 到 T1 點的時間。了解了玻璃轉化溫度對於豆體導熱

的影響以及變化之後，這樣的觀念也可以進階應用在先拼後烘的義式拼配烘焙以及二次烘焙的技巧上。

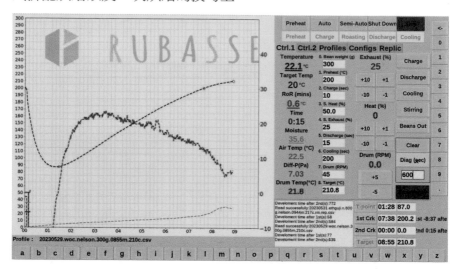

圖 2-21 從盧貝斯烘焙機的水分探測來掌控烘焙節奏（感謝盧貝斯提供）

豆體大小對烘焙節奏的影響

豆體大小越是集中，意味著豆子品種可能相對單純，或者是經歷過乾處理廠篩選過，這樣一來豆子在烘焙過程裡受熱會比較一致，整體的烘焙節奏也會比較一致。

目數越大的豆子，意味著豆表導熱到內的距離也越長，越是要避免過高的初始能量供應。這裡所指的初始能量包含入豆溫與風門、火力搭配下的能量總和。豆體目數越大以及密度越高的豆子，則應該給予溫和的能量供應讓豆表有時間逐步將能量導入豆內，這也代表著 T0 到 T1 之間所需要的時間較長（如圖 2-22）。

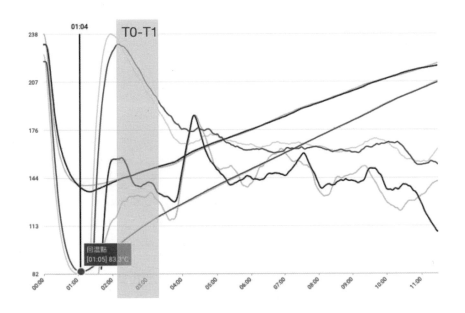

圖 2-22 烘焙密度較高的豆子 T0 到 T1 所需時間較長

　　反之豆體越小的豆子,能量透入的路徑也就越短,T0 到 T1 所使用的時間當然會有所不同。

　　在了解了豆體大小對 T0/T1 之間升溫節奏的影響之後,接下來就要把豆子大小形狀、含水率、密度一起考量進去。

　　由於豆體目數測量到的是豆子的寬度,豆子的形狀細長或是寬短,也會影響能量透入豆內的速度、節奏。如先前所述,豆體密度越高,能量透入豆內的阻力也越多。而含水率越低,能量傳導的效率也較差。所以在烘焙之前,就要對這些物理數據有所掌握,並且規劃整體的烘焙節奏與能量供應。

　　據此來舉一反三，就義式拼配的選豆來說，咖啡生豆先拼後烘的「生拼」時的選豆竅門就在於此。盡量挑選含水率、密度、目數大小較為一致的豆子也才有利於烘焙節奏的一致與穩定。

咖啡豆密度、含水率、體型大小分類

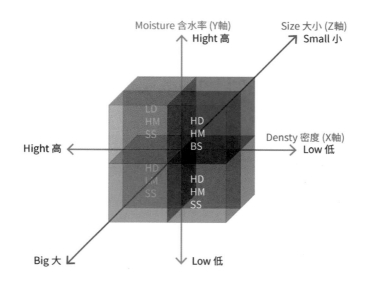

圖 2-23 從咖啡豆密度、含水率、與目數大小等三個維度來思考能量的供應

從烘焙曲線來觀察 T0/T1

　　圖 2-24 為例，含水率 12%、密度 764g/L 並且目數 22 目偏大的瓜地馬拉聖費麗莎帕卡瑪拉就是很好的例子。這支豆子在烘焙的過程中雖然 T0 點的溫度與時間來得低，大約 92.8 度就到了（豆溫探

針溫度），但是卻花了 33 秒才讓豆子完全軟化到達 T1 點。也因為
豆體大的因素，所以在操作上會等到烘焙開始後的第 3 分鐘才進行
加火。

　　而從入鍋到 T1 的玻璃態期間，溫和、持續且穩定的能量供應
是這個階段的操作重點，一般可以從風溫曲線的上升斜率看出端
倪。雖然不同烘焙機的風溫、豆溫探針位置不同，但是以筆者的經
驗來說，風溫與豆溫的回溫時間保持固定，且回溫時風溫與豆溫之
間的溫度差距幅度不要太大（這個幅度隨載量而改變），以及風溫
回溫後不陡峭的升溫斜率，這些通常會是較為溫和的能量供應。

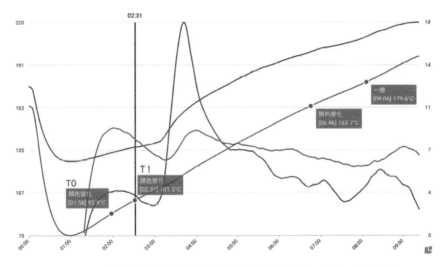

圖 2-24　筆者烘焙瓜地馬拉聖費莉莎帕卡瑪拉時 T0 與 T1 點示意

　　由於目前我們使用堆積密度作為密度測量方式，咖啡豆彼此間
的空隙無法扣除，所以相較於目數大的豆子來說，體積較小的豆子

間隙小,所測量出來的數據通常相對較高,所以平時應該多累積數據,並且依照目數大小來進行歸納。

以筆者個人經驗來看,堆積密度在 740g/L 到 760g/L 均為中等密度的區間,密度若在此區間之外,則需要搭配目數大小來進行判斷。

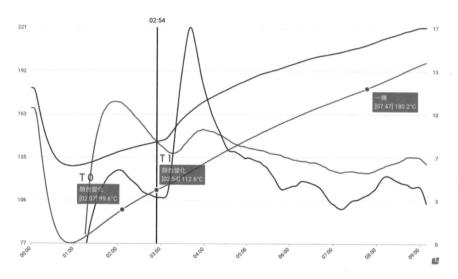

圖 2-25 筆者烘焙 Ethiopia Gelen Gesha 時 T0 與 T1 點示意

而將兩個案例進行比較,當兩支豆子分別到達 T1 點豆體內部的水分開始活躍時,含水率、目數都較高的聖費麗莎所需要的能量則比 Ethiopia Gelen Gesha 來得多,所以此時要依照含水率大小來調整能量供應。

烘焙初期的第一階段關乎著整個烘焙過程的成敗關鍵，在一開始豆子堅硬的玻璃態時，由於咖啡豆內的水分並不活躍，所以水分失去的幅度並不多，過多的能量供應只會快速加熱咖啡豆表層，卻不能迅速將能量傳導到豆內。所以這個階段的重點在於「溫和的能量供應」。

　　所謂溫和的「能量供應」具體操作上不一定是小火力，而是「整體能量供應」的概念。例如我們常見的大火力搭配大風門的設定，加上低回溫點的操作，其實就是利用快速流動的氣流將能量帶走，所以不得不加大火力因應的舉措，甚至讓人產生較大的風門／風壓這樣氣流流速高的情況下，會使得熱能穿透性較好的誤解。

　　又或者是關風門關火入豆，讓鍋爐內當下的能量來加熱豆子。而這些常見手法的背後所代表的意義即是「溫和的能量供應」，這將會在接下來回溫點、風門、轉速設定的相關章節裡進行深入討論。

　　「溫和的能量供應」可以從豆溫與風溫的回溫點，以及回溫後的豆溫 ROR、風溫回溫後的斜率來體現。

　　以（圖 2-26）為例，在使用 Giesnen W6A 烘焙 1/3 載量下（2Kg），豆溫與風溫的回溫時間較為一致，並且回溫後的豆溫 ROR 上升幅度有限（ROR 以 30 秒為記錄單位），回溫後的風溫上升斜率平緩，這樣的曲線則顯示出鍋爐內的能量較為溫和，並且穩定持續的供應能量給咖啡豆。這樣的溫和上升情況直到豆內水分開始活躍，開始吸收鍋爐內能量而打破。而豆內水分活躍則為 T0/T1 的觀

察重點。

　　反之，豆溫回溫點提早，以及豆溫回溫後的 ROR 過高、到達頂峰後下降緩慢等現象，代表鍋爐內的能量供應過多，快速抵消掉剛入鍋的豆子以及所帶入的冷空氣，並且加熱咖啡豆。而此階段咖啡豆仍屬於導熱能力較差的玻璃態，所以大量的熱能只會急速加熱咖啡豆表面，造成咖啡豆內外升溫節奏差異過大。

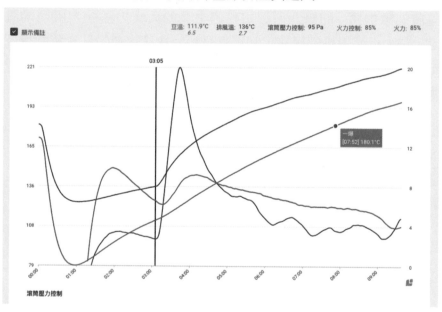

圖 2-26　紅色曲線為風溫，風溫曲線在回溫後平緩上升

▌橡膠態：T1-T2 大理石紋（豆表到達蔗糖焦糖化）

當豆體到達 T1 之後，豆內的水分活躍起來，此時也是利用水分將能量導入豆內的時機點，必須按豆子的含水率、密度來調整能量供應。在這個階段裡，咖啡豆會經歷果糖焦糖化、葡萄糖焦糖化，直到豆表到達蔗糖焦糖化等階段。而這個過程中可以藉由觀察果糖焦糖化（110 度）、葡萄糖焦糖化（145 度）的時間與溫度點來判斷升溫速度是否過快。尤其是當豆表升溫到葡萄糖焦糖化時，豆表呈現正黃色、橘黃色的色澤，而觀察豆子剖面的時候，內部應該要呈現淺黃色的色澤（如圖 2-27），並且咖啡豆整體散發出濃郁的麥芽糖香氣，代表咖啡豆表層溫度的實線到達葡萄糖焦糖化時，豆內溫度的虛線已高於 110 度，因此在氣味上勢必是濃郁的麥芽糖香氣。

圖 2-27 咖啡豆表到達正黃色葡萄糖焦糖化的階段，剖面顏色為淺黃色，代表豆內已進入果糖焦糖化階段

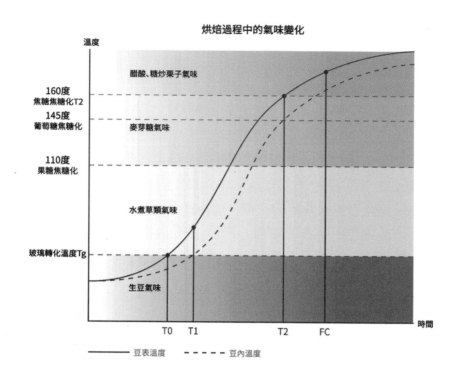

圖 2-28 烘焙過程中的氣味變化代表著豆表與豆內所處的烘焙階段

　　由（圖 2-28 來看），當豆表到達果糖焦糖化時，咖啡豆的內部仍散發出水煮青草的氣味，豆內仍處於水分活躍的階段，所以 T1 階段必須藉由活躍的水分將能量導入豆內，並且盡快讓豆表到達葡萄糖焦糖化。

　　而當豆表升溫到達葡萄糖焦糖化時，亦即代表豆表的水分失去甚多，豆表像豆內導熱的效果不如 T1 階段，為了讓能量能夠持續導入豆內，勢必要謹慎控制能量供應。

舉例來說，假設預計使用四分鐘的時間完成第二階段，但是 T1 後不到兩分鐘即達到正黃色葡萄糖焦糖化，那麼就意味著過多的能量供應了！接下來勢必要調降火力來減緩升溫速率，甚至要開大風門以及調小火來卸除能量。

　　以（圖 2-29）為例，在溫和的能量供應下，當咖啡豆升溫到達糖類褐化的階段時，往豆內傳導能量的效能下降則會使得風溫的升溫速率 ROR 突然升高。這也是烘焙過程的觀察重點，所以對於風溫的觀察也是非常重要的。

　　在教學上我會建議此階段 T1 至 T2 的用時掌控在 4 到 6 分鐘的區間，再搭配咖啡豆含水率對玻璃轉化溫度以及 T1 點的影響，在烘焙開始前即可以對此階段的能量供應進行規劃。

　　以先前舉例的 Ethiopia Gelen Gesha 為例，T1 溫度點為 112.6 度，而 T2 約為 170 度左右。粗略的計算兩點間的溫度差則為 57 度，那麼就很容易計算出用時 4 分鐘與 6 分鐘的火力設定。本階段由咖啡豆內水分完全活躍的 T1 開始，再到豆表水分大幅下降的蔗糖焦糖化 T2，這過程當中的不同的能量供應節奏也將使得豆體的結構、豆內的烘焙度產生不同的結果。

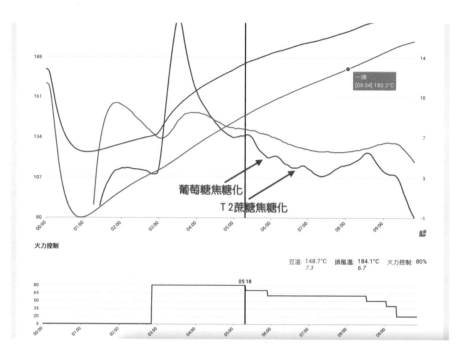

圖 2-29 葡萄糖焦糖化、蔗糖焦糖化時風溫升溫速率變化

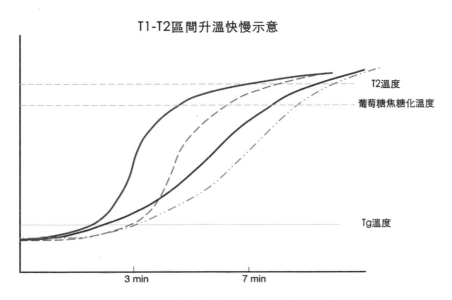

圖 2-30 T1 至 T2 區間分別使用四分鐘與六分鐘的升溫差距

　　T1 時由於豆體內水分活躍，充足的能量可以快速加熱水分，使細胞壁內的水分快速蒸發並撐大細胞壁，進而破壞豆體結構。筆者在教學上以 Beanbon 浮風式烘焙機進行觀察，在 T1 後豆體會逐漸膨脹、變輕，並且隨著豆內的水分被加熱、蒸發使得咖啡豆明顯變大、拋高，銀皮也因此而脫落。在滾筒式烘焙機裡，咖啡豆會有更多的時間拋撒在空中與空氣接觸。

　　接著到達葡萄糖焦糖化的時候，豆體逐漸收縮、抽皺，豆表向豆內的導熱效果降低，降低能量供應可以減緩豆表升溫速度，讓豆內逐漸跟上烘焙節奏。而咖啡豆經歷如氣球般膨脹與洩氣後，細胞壁與纖維結構產生破壞，接下來蔗糖焦糖化時細胞壁內蒸汽壓與二氧化碳將更容易掙脫、釋放，進而影響一爆的時間與膨脹度。

　　因此同樣在 T1 到 T2 之間以四分鐘爬溫 57 度的情況，先快後慢的升溫節奏與每分鐘升溫 14 度的等速率能量供應，在風味表現上以及豆體的膨脹度上會有截然不同的結果，並且進而影響養豆、儲存與研磨萃取。

　　同樣的角度來看用時六分鐘的烘焙節奏，也是相同的道理。除了可預期到豆內有更充裕的時間拉近與豆表的升溫節奏，讓 RD 值的表現相對快節奏的四分鐘來的小之外。在這個階段裡使用不同的升溫節奏，也會影響最終的膨脹度與整體風味表現。

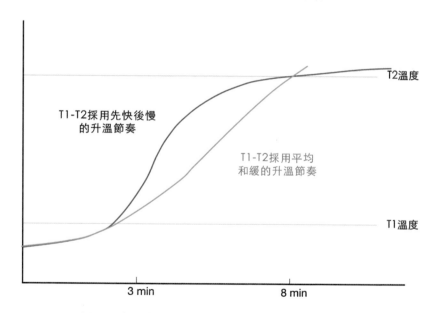

圖 2-31 相同的 T1 與 T2 用時下，不同的升溫節奏示意

　　由於果糖與葡萄糖在咖啡生豆內的含量占比非常低，嚴格說起來對風味的影響並不大，但卻是烘焙過程中藉以調整火力的觀察重

點。尤其是當豆表到達葡萄糖焦糖化的階段，這時候豆表向豆內傳導能量的效率遠不如 T1 階段，所以要特別留意風溫與豆溫之間的溫度差，過高的風溫意味著鍋爐內能量較高，將對接下來咖啡豆內外的烘焙度掌握產生影響。

每當筆者面對一台陌生的烘焙機時，除了測量咖啡豆的含水率、密度、目數大小之外，接下來就是在烘焙過程中記錄 T0/T1 以及豆表到達果糖焦糖化、葡萄糖焦糖化、蔗糖焦糖化、一爆的時間與溫度點，並依此來調整下一鍋的各項參數。

玻璃態：從豆表到達蔗糖焦糖化 T2 開始到一爆 FC

在這階段裡，咖啡豆的表層升溫到達蔗糖焦糖化的溫度，開始進行相應的化學反應，例如豆表收縮並且出現褐色如大理石一般的紋路，而蔗糖含量較高的咖啡豆除了豆體收縮之外，甚至豆表完全轉變成褐色。

但是受能量傳遞的影響，咖啡豆內部的烘焙度卻仍然在低於蔗糖焦糖化的階段。此時可以藉由剪刀或是切藥器將取出的豆樣剖開，藉此掌握豆內的烘焙度。

如（圖 2-33），在正常的烘焙節奏下，當代表豆表溫度的實線到達蔗糖焦糖化時，會產生刺鼻像是醋酸般的氣味，而代表豆內溫度的虛線才進行到葡萄糖焦糖化，並且散發出濃郁的麥芽糖香氣。所以在取樣時的嗅覺感受上應該是濃郁的麥芽糖香氣中帶點刺激的醋酸氣味。

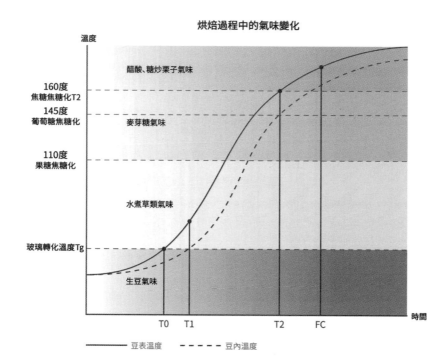

圖 2-33 烘焙過程中的氣味變化

接下來隨著內部的溫度上升到達蔗糖焦糖化的溫度後，刺鼻的醋酸氣味（也可形容成糖炒栗子）取代了麥芽糖香並且逐漸濃郁、低沉。此時豆內的細胞壁隨焦糖化逐漸累積二氧化碳，豆子內殘餘的水分也受熱產生蒸汽壓，當這些壓力突破細胞壁時，則產生咖啡烘焙的第一次爆裂（First Crack）。

圖 2-33-1 一爆之前當豆內也到達蔗糖焦糖化時，剖面色澤也會明顯改變

　　由此來看一爆這件事，實際上是一個物理現象。在先前討論 T1 到 T2 階段裡我們提到過，當豆子進入 T1 橡膠狀態時，豆體會逐漸膨脹變大，豆子重量會變輕，在鍋爐內被拋甩得更劇烈。

　　從微觀的角度來看，T1 階段開始，細胞壁內的水分開始活躍，會逐漸受熱蒸發並且脫離細胞壁（圖 2-34）。若在這個階段給予足夠的能量，對細胞壁內的水分來說，會快速升溫並產生蒸氣壓，使得細胞壁像氣球般膨脹，隨著細胞壁這個氣球撐大，急於從細胞壁內掙脫的水分會從從較為薄弱的地方脫離，也會使得細胞壁破損並造成孔洞。

　　所以水分含量越高的豆子，T1 之後為了要驅使這些水分脫離，所需要供應的能量就要相應增加。而密度越低、細胞壁結構越鬆散的豆子，就像漏氣的氣球般，水分逸散的速度就越快。

　　就整個咖啡豆的角度來看，T1 階段豆體的膨脹拉伸也是對纖維結構的一種結構上的破壞。就像兒子吹氣球之前先將氣球反覆拉伸，降低氣球的彈性。

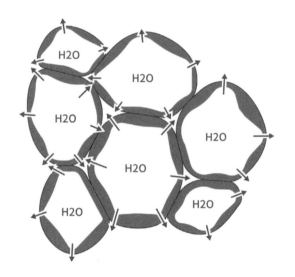

圖 2-34 T1 後豆內水分活躍，細胞壁內水分逐漸加熱散逸，使細胞壁如氣球般膨脹

　　接下來逐漸升溫到果糖焦糖化、葡萄糖焦糖化與蔗糖焦糖化，這過程中一方面水分逐漸失去，降低細胞壁內的蒸氣壓力，細胞壁如洩氣的氣球般收縮，同時水分失去也使得玻璃轉化溫度升高，讓細胞壁再度回到玻璃態階段。另一方面細胞壁內的物質受熱後形成複雜的膠狀物質（如圖 2-35 紅色部分），這些膠狀物質會如汽車的補胎劑一樣，隨著細胞壁內的負壓而堆積在細胞壁破損的部位，進而降低水分脫離的速度，並使得細胞壁內的壓力再度上升。

如此一來，當細胞壁內的蒸氣壓與焦糖化生成的二氧化碳等
向外膨脹的氣體壓力大於細胞壁結構所能承受時，則產生一爆的
現象。

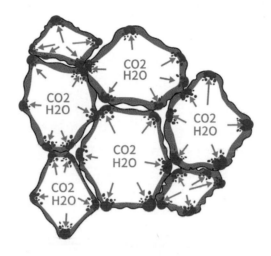

圖 2-35 當升溫到達蔗糖焦糖化時，收縮後的細胞壁內生成膠狀物質，並堵住二氧
化碳與水蒸氣的排放，使得細胞壁內壓力驟增。

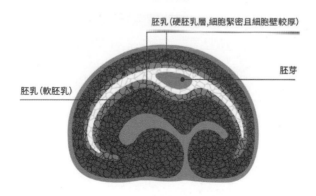

圖 2-36 咖啡豆剖面圖

　　再從豆體的結構來看，咖啡豆實際上是像三明治般由硬胚乳層、軟胚乳層、硬胚乳層所組成（圖 2-36）。當豆體內外的軟胚乳層與硬胚乳層都到達蔗糖焦糖化時，接下來一爆時所產生的爆裂聲如折斷木筷般來得較為清脆，並且風味較為乾淨清晰。

　　筆者個人推論，這應該是位於三明治上中下層的皆進入到蔗糖焦糖化，其細胞壁內部也累積更多的壓力，而上下層的硬胚乳層在進入蔗糖焦糖化後，纖維結構相對較為堅硬。而位於三明治中間的軟胚乳層自身纖維與細胞壁結構較為鬆散，並承受著上下層擠壓所產生的壓力，進而加速了蔗糖焦糖化的過程，促使細胞壁內的氣體壓力快速增加，並掙脫細胞壁的束縛，因此色澤上較上下層來得深（圖 2-37）。

圖 2-37 豆內軟胚乳層受到上下層擠壓後，最終呈現較深的色澤

如果 T2 前後鍋爐內能量過多，則會使得大量能量加熱豆表，而豆內三明治中間與下層的軟胚乳層、硬胚乳層烘焙度卻尚未到達蔗糖焦糖化階段，纖維的收縮程度與質地與外側硬胚乳層差距甚遠。接下來當豆表硬胚乳層收縮並向下擠壓軟胚乳層，且軟胚乳層內的壓力釋放時，所產生的爆裂聲卻沉悶像是折疊竹筷子般，風味的乾淨度也相對不足（圖 2-38）。

圖 2-38 豆表升溫過快，與豆內烘焙節奏差距慎大，使得豆體內外膨脹程度不同

　　就筆者的實務經驗上來看，T1 階段給予足夠的能量讓豆內水分快速活躍，進而使得豆體膨脹，接下來 T2 階段讓豆體收縮，並且拉近豆表與豆內的烘焙節奏。如此一來會讓咖啡的膨脹度較大，並且結構較為鬆散，的確可以讓咖啡在接下來的研磨、萃取上更加穩定。

　　由此可知，水分離去的速度、焦糖化的程度，以及細胞壁的厚薄程度都是影響一爆形成的因素。水分離去的速度與 T1、水分

含量（含水率）、細胞壁厚薄、火力有關。而焦糖化程度則與豆子的海拔、採摘的時機對糖分造成的影響，以及烘焙的時間、溫度有關。所以海拔低、糖分不足，以及密度較低的豆子一爆聲不明顯，葡萄糖焦糖化之後的升溫速率過快，也將影響一爆的時機點以及爆裂程度。

如果咖啡豆的種植海拔或是處理過程導致蔗糖含量偏低，那麼焦糖化進行的程度也就相對不明顯、不活躍。並且豆子表面的水分在 T1-T2 階段已經大量脫去，豆表向豆內傳導熱能的效果大幅度地降低（尤其是含水率較低的豆子）。此階段提供過多的能量也只是徒增豆表受熱，卻不能有效地將能量導入豆內。這個時候需要溫和的能量供應來換取足夠豆內的發展。

關於一爆點的認定

關於一爆點的認定，筆者過去曾經以第一聲爆裂聲開始計算，也曾經以第三聲才開始計算。如今我會以一個固定的溫度點當作一爆點，這個溫度點會是以高海拔精緻處理的水洗豆的一爆點為基礎，並且向前四捨五入後取之。例如我的 Giesen W6A 一爆聲平時發生在 183 至 186 度之間，那麼我就以 183 向前四捨五入取整數，認定 180 為一爆點。而某些烘焙機的一爆聲發生在 194 度，就取 190 度為一爆點。如此操作的好處是較容易計算每 30 秒的平均升溫速率，並且有利於能量的供應與掌握。而這樣的溫度點認定，在豆內的烘焙節奏上還有一個關鍵點，也就是豆內的烘焙度必須到達蔗糖焦糖化的階段。

由於 T2 階段開始，豆表即進入蔗糖焦糖化，並且此階段裡豆表向豆內導熱的效果大幅度降低，所以豆子內部的烘焙度加深除了能量之外，更依賴的是時間。在接近一爆之前咖啡豆內部也逐漸進入蔗糖焦糖化，所以此時將豆體剖開會發現，豆體剖面的色澤已由正黃色加深至深褐色，這樣的狀態也就是我選擇一個固定的溫度點作為一爆的理由，因為此時咖啡豆內外都進入到蔗糖焦糖化。

懂得觀察豆子的變化，以及了解這些變化背後的意義，也才知道什麼時候該給能量，什麼時候該做調整。

▌玻璃態：從一爆 FC 開始到出鍋

在了解一爆的成因之後，接下來我們就進入到出鍋時機點的選擇問題。

過去十多年前的出鍋點設定上，我們常見的出鍋點設定有兩種方法。例如會在一爆開始到二爆密集之間，依照爬溫均分成四等分，進而產生三個出鍋點。如（圖 2-39）所示，將一爆 180 度與二爆 210 度之間的爬溫 30 度拆成四等分，也就是三個出鍋點（187、195、203 度）。

或者是按照一爆密集、一爆結束、二爆開始前、二爆、二爆密集前、二爆密集來定義出鍋點（圖 2-40）。選定了出鍋點之後，接著再憑經驗依照豆子的產國、海拔來選擇適當的出鍋點之後進行微調。例如過去筆者在烘焙中美洲咖啡的時候，習慣是將豆子烘焙到一爆結束後以及二爆之前作為出鍋點。而衣索比亞的豆子，總習慣選擇在一爆密集後到一爆結束前出鍋。

以均分溫度做為出鍋點

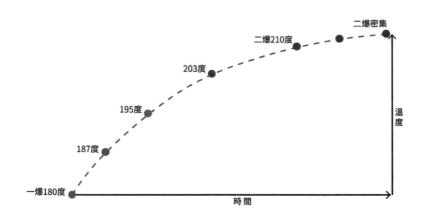

圖 2-39 以均分的方式將一爆二爆之間爬溫分成數等分

以烘焙階段做為出鍋點

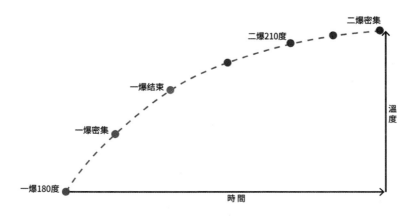

圖 2-40 將一二爆之間的爆裂狀況拆成數個出鍋點

從如今的角度來看，不同的出鍋點即是時間與溫度延伸下的變化（圖 2-41），咖啡豆的風味也從原生風味、處理法風味過渡到烘焙風味（這裡指的風味主要是指香氣），風味的強度也從寬廣寡淡，轉變成濃郁集中。在便攜式烘焙度檢測儀較為普及的今天，我們即可依照這些出鍋點測到的數值，建立起咖啡豆、粉兩條烘焙度線性變化，對於風味的感受在有了數值的對應後，更能從單一的點轉變到線與面的畫面。

烘焙度與咖啡風味之間的關係

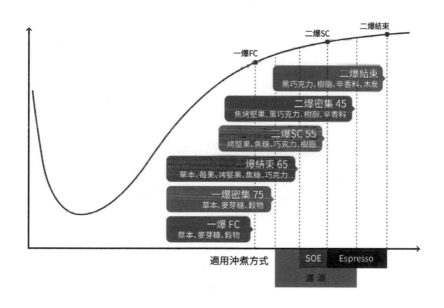

圖 2-41 烘焙階段與烘焙度數值、香氣之間的關係

　　如先前所述，豆表與咖啡粉的烘焙度數值差距即為 RD 值。而烘焙度與 RD 值的不同，所表現出來的香氣與跨度就不相同，甚至味覺上的表現以及觸感也會隨之改變，說是牽一髮動全身也不為過。所以過去在選擇了出鍋點之後，在進行向前或向後的微調，其實是建立在穩定的烘焙度線性與操作手法、環境下。如果咖啡豆的海拔不同、蔗糖含量不同，甚至處理法不同，那麼烘焙度的線性也會有所改變。將烘焙度數值與風味的關係進行連結，則是穩定烘焙的首要。

不同海拔的情況下，烘焙度數值與風味的對應

　　在先前的章節提到，烘焙度檢測儀所測得的數值只是代表炭化的程度，不能具體分析炭化結果是來自於焦糖化還是梅納反應等過程，所以即使是相同的艾格壯數值，但是風味表現未必會相同。在正確且穩定的烘焙手法下，不同海拔、處理法的咖啡豆由於蔗糖含量不同，相同數值下所對應出來的氣味也會不同。

　　例如 Ethiopia 高海拔豆豆表數值 75 的時候有紅糖（每個儀器的數值與對應的香氣多少有點差異）、70 有黑糖或水果糖、65 有焦糖。粉值 90 有花香、檸檬，85 有莓果柑橘等，進而將自己的出鍋溫度、時間對應到豆表與粉的烘焙度，而烘焙度對應到風味。而中低海拔豆在各個數值下呈現的香氣也會有所不同。烘焙師可以多累積多記錄，進而建立起個人烘焙度與香氣對應的資料庫。

測量各個烘焙節點的數值與線性關係

在測量各個節點的烘焙度時，筆者建議可以使用高海拔且精緻處理的水洗精品豆來進行烘焙度數值的測量。高海拔咖啡豆本身的蔗糖含量高，並且原生風味較為突出明顯，而精緻的水洗處理既可以讓咖啡豆的含水率、目數、密度等物理條件較為集中一致，再者水洗處理法所呈現的風味也較能凸顯豆子本身的原生風味，避免過於突出的處理法風味給感官上帶來的誤判。

接著在「穩定的烘焙節奏、環境」前提下，將一爆密集以及一爆結束、二爆初、二爆密集時分別出鍋，測量咖啡豆的豆表、咖啡粉的烘焙度數值，並依此抓到兩者的相關線性。進而掌握「在固定手法下的 RD 值變化」。

以筆者自己在相同烘焙節奏、載量、滾筒轉速以及風門等操作下測量到的烘焙度豆粉值變化為例（如圖 2-42）。從一爆密集的 75/93 時的 RD 值 18，直到二爆初 53/65 的 RD 值 12，我們可以發現 RD 值有逐漸縮小的趨勢，並且隨著一爆密集時間的推進，咖啡豆膨脹後鬆散的結構讓外在的能量更容易進入，進而加深豆子內部的烘焙度。

從時間上來看，一爆後的時間越長（尤其是一爆密集後），酸的品質就會急速下降（高海拔咖啡豆內的蘋果酸、檸檬酸受熱分解），並且豆內的烘焙度也會隨著時間而增加，進而縮小與豆表和咖啡粉之間的烘焙度差距。

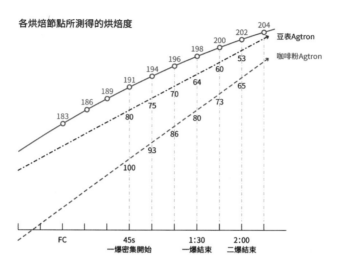

圖 2-42 一爆後各個烘焙節點所測得的烘焙度，並歸納出豆表與豆內的烘焙度線性變化。

　　值得注意的是，一爆初期的 RD 值通常相對較大，並且幅度依手法而不同，接下來隨著烘焙時間的拉長而逐漸縮小。如此看來，過去我們依照豆子的產區、海拔來選擇不同出鍋點的手法，在烘焙度、RD 值與對應的香氣角度來看，即為不同香氣面貌的呈現。

　　筆者以個人經驗所歸納出的「烘焙度艾格壯數值與風味對照」為例，當烘焙豆表 64 粉值 80 的香氣面貌，即可粗略推斷出風味的輪廓。64 在表格裡大約在 60 到 70 之間，所呈現的香氣則依海拔高低而有莓果、焦糖、草本、烤堅果、白巧克力等香氣。而粉值 80 則依海拔、處理法的不同而有所區別，例如高海拔豆有柑橘、莓果、甘蔗，低海拔豆則為草本、麥子、玄米。處理法風味則帶來熟成水果類的香氣。

改變了各個出鍋點的豆與粉烘焙度數值，所呈現的香氣也就隨之改變。要調整咖啡豆與粉的烘焙度線性與 RD 值的幅度，除了可以從調整一爆後的升溫速率 ROR 來下手之外，也可以調整 T2 的時間點以及 T2 到出鍋的整體升溫節奏來進行大幅度的調整。

以筆者的經驗來說，前者在以相同出鍋點的前提下所能調整的幅度比較有限，並且在操作上會受到烘焙機的設計與操作空間的限制。而後者則是穩定住烘焙節奏的關鍵，也是筆者慣用的手法。所以在教學以及實務操作上習慣在一爆密集開始之後，將咖啡豆表烘焙到艾格壯數值 70，而粉值烘焙到 85 至 88，如此一來 RD 值的浮動範圍就在 16 至 18 之間。接下來隨著烘焙度的加深，RD 值也就隨之縮小。

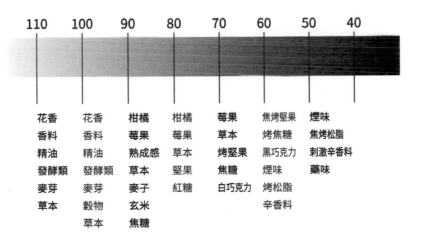

圖 2-43 艾格壯數值區間的風味表現

為了更清楚的掌握烘焙度、RD 值與香氣變化之間的關聯性，我們在一爆後的豆表、咖啡粉等兩條烘焙度線性上以 10 為單位，分別區分烘焙度 50 到 100 之間（如圖 2-44），風味變化進行粗略的歸類，我們可以大致歸納出三個區塊。

艾格壯數值 80 以上主要以咖啡種植所帶來的原生風味以及焦糖化、梅納反應初期所帶來的烘焙風味（這裡的風味一詞指的是香氣），例如花香、莓果、草本、穀物、麥芽等。

而烘焙度在 60 到 80 之間，大多為烘焙過程中蔗糖焦糖化與梅納反應所帶來的風味為主。

至於烘焙度在 60 以下，則是以烘焙過程中後段所帶來的黑巧克力、焦烤、煙燻、皮革等風味為主，像是風味輪中的乾餾群組中所呈現的。

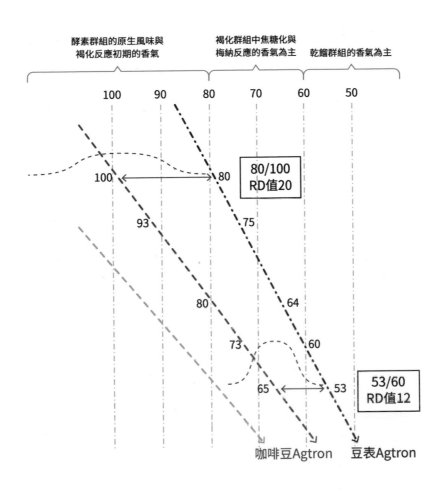

圖 2-44 各烘焙度區段與香氣

　　一爆初期咖啡豆表與粉的烘焙度差距（RD 值）通常較大，而 RD 值其實可以視為整批豆子由外到內的平均烘焙度，那就意味著最淺的烘焙度可能處於小於兩倍 RD 值的區塊，藉此我們可以推估出一條「最淺烘焙度」的線性。

　　在烘焙過程無失誤的情況下，風味的表現應該是連貫的、彼此銜接的。所以在正常的烘焙情況下，咖啡粉值也可視為風味集中的峰值。一爆初到二爆初的豆表／粉值烘焙度線性為例（如圖 2-44），一爆初測得的烘焙度數值 80/100 即為 RD 值大、風味跨度大的情況。代表烘焙度平均值的粉色數值 100，即意味著香氣集中在烘焙度 100 的區塊，也就是以萜烯類、酯類、糠醛以及葫蘆巴鹼熱解產生的吡啶、吡咯等香氣表現為主。代表烘焙度最深處的豆表色值約在 80 的區塊，這樣焦糖化的程度較低，豆體的膨脹度也較低，味覺表現上較為呆板，可能呈現生物鹼帶來的苦味。所以這樣的烘焙度較適合以處理法香氣為表現主軸的豆子。

　　而葫蘆巴鹼為生物鹼，並且在烘焙過程中逐漸分解為吡啶、吡咯以及菸鹼酸等物質。而吡啶、吡咯也在烘焙過程中繼續分解，並與其他熱解物質相互作用，進而導致濃度的下降。因此在烘焙度較淺的情況下容易感受到穀物、烘烤、堅果、草味、苦味等感受，即是葫蘆巴鹼分解過程中的產物。

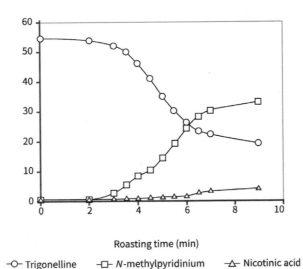

Roasting time (min)

-○- Trigonelline　-□- *N*-methylpyridinium　-△- Nicotinic acid

圖 2-44-1 葫蘆巴鹼分解過程中菸鹼酸與吡啶的濃度變化 [1]

　　而 53/65 的 RD 值約 12，風味的峰值集中在 65 的區塊。最深的烘焙度處在乾餾香氣的煙焦味，而風味的峰值集中在焦糖化的呋喃類甜香為主，較適合用在義式拼配上。

　　從烘焙曲線來看，咖啡的烘焙度不只受一爆後的時間影響，也受爬溫幅度的影響，這兩條 XY 軸所構成的斜率就是烘焙師下個階段所要思考的。

　　了解了相同烘焙條件下的烘焙度線性變化，接下來就是在「正確的烘焙下」，藉由一爆後升溫速率的調整來改變咖啡豆表與咖啡粉的烘焙度以及線性變化，進而掌握 RD 值以及所呈現的風味跨度。

1　Feifei Wei, Masaru Tanokura, 10.6 *Changes of Trigonelline in Coffee in Health and Disease Prevention*, 2015

　　以個人的操作實例來說（使用高海拔精緻處理的水洗豆），在平均升溫速率 9.5 度／分的情況下記錄一爆密集、一爆結束、二爆初等出鍋點的豆表／粉烘焙度分別如下。當一爆密集開始所測得 80/100 的烘焙度較淺（高海拔豆在一爆結束前和褐化上色主要來自於蔗糖焦糖化的生成物──黑色素）時，豆體的膨脹度也不足，所以實際上這樣的出鍋點只適合在以處理法香氣為主軸的豆子與烘焙表現上。

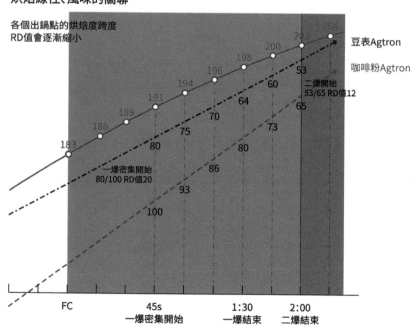

圖 2-45 一爆後升溫速率與烘焙度、RD 值的變化

一爆密集後 70/86 的烘焙度則會是高海拔豆單品手沖與樣品烘焙較為恰當的烘焙度,在香氣上焦糖化的程度不至於太低,能呈現出焦糖化的紅糖、黑糖等,以及花香、柑橘、檸檬等酵素類香氣。膨脹度雖然不大,但是手沖與精品生豆品控的杯測研磨上也足以應付,而味覺感受上也屬於較為酸甜明亮跳躍的階段。

▋烘焙度與味覺感受的變化

烘焙過程中味覺感受的強度變化

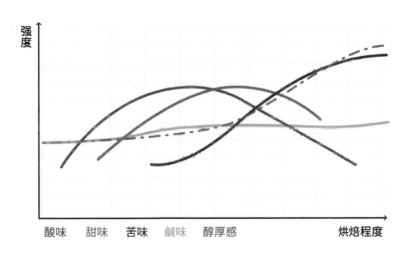

圖 2-46　一爆前後味覺感受的強度變化 6

　　由於一爆密集開始咖啡豆體逐漸撐開,鍋爐內的能量也更容易進入豆內,所以焦糖化也因此而加速進行。就味覺感受的角度上來

看,一爆密集後開始,代表酸質的蘋果酸、檸檬酸就會逐漸受熱分解,在一爆結束前濃度大幅降低。但是別忘了,酸味的來源還有蔗糖焦糖化所產生的乳酸、醋酸、琥珀酸、蟻酸等。其中醋酸與蟻酸濃度增加的幅度較高,也是隨著焦糖化旺盛而到達頂峰,並隨著溫度上升與時間的推進在接近二爆前逐漸揮發分解(圖 2-47,途中淺綠色的色塊代表單品手沖到 SOE 用豆所適合的嗅覺、味覺區間)。

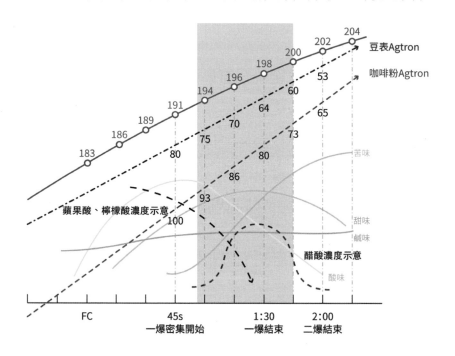

圖 2-47 一爆後蘋果酸、檸檬酸與醋酸的濃度變化

同樣的角度來看甜味就更容易理解了,高海拔豆在一爆結束前的甜味主要來自於蔗糖與蔗糖轉化過程產生的果糖、葡萄糖。而這些會隨著焦糖化程度的加深而逐漸降低,所以甜味物質的濃度趨

勢其實在一爆前仍然是高點，雖然不同的烘焙節奏下進入一爆時的 RD 值會有所不同，而使得一爆開始時尚未轉化的蔗糖含量也會不同。

但是就整體趨勢來說，蔗糖含量將隨著一爆密集開始而逐漸降低（圖 2-48），以高海拔豆來說，出鍋時 RD 值越小並且烘焙度越深，則甜味感受會顯得較弱。而一爆密集甚至更早一點出鍋，味覺上的酸甜感受不夠明顯，主要是受膨脹度的影響所導致，味覺物質雖然是水溶性的物質居多，但是豆體也仍然要有一定的膨脹度才有利於萃取，否則就要在研磨度與萃取效率上面下功夫。

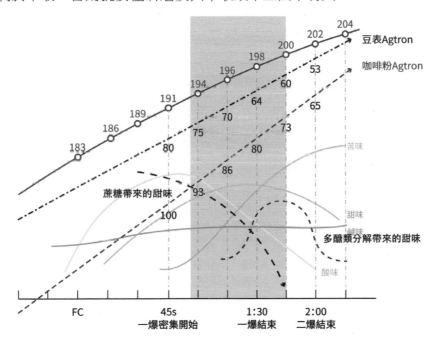

圖 2-48 一爆後蔗糖與多醣類分解帶來的甜味物質濃度變化

　　而蔗糖焦糖化將伴隨著蔗糖這個材料的耗盡而結束，但是就整個烘焙過程來看，此時甜味感受未必是最低點。原因在於植物細胞內的纖維素、木質素的分解，這也是深烘焙咖啡甜味的來源。

　　纖維素、木質素同屬於多醣類，都是植物細胞壁的組成之一，受熱後在高溫的環境下逐漸分解出半胱胺酸、阿拉伯半乳糖與癒創木酚等物質。以經驗上來說，豆表烘焙度在艾格壯數值 65 左右就逐漸開始分解。其中癒創木酚屬於苯酚類物質，通常帶有粗糙感與煙味、燒焦味等，並且在日後的養豆過程裡隨著時間以及與空氣的接觸而排出，這也是深烘焙豆子養豆的重點。

　　但是纖維素、木質素分解所產生的阿拉伯半乳糖則是帶有甜味的物質，雖然會隨著烘焙度的加深而與胺基酸進行梅納反應，但是仍感受得到甜味，而這正是深烘焙的甜味來源。

　　所以從味覺物質的強度（受膨脹度與萃取影響）與濃度的變化趨勢來看，首先苦味是隨著烘焙度加深而逐漸增強。鹹味的來源是礦物質與梅納反應生成物，這些物質的濃度改變幅度不大，但是會受到膨脹度與萃取效率的影響。

　　但是從酸質與甜味的角度來看，從一爆密集開始到一爆結束之前的蘋果酸、檸檬酸濃度逐漸下降，而醋酸濃度逐漸升高，這會是手沖單品用豆以及單品濃縮用豆較適合的味覺、香氣感受區塊，也就是在（圖 2-48）綠色區塊的左半部。

　　隨著烘焙度的加深，甜度與酸度逐漸下降，這樣的味覺感受就

凸顯出苦中帶甘的感受，搭配 60/73 的香氣呈現就會比較適合單品濃縮 SOE 與中低海拔手沖用豆的烘焙設定，這也就是（圖 2-48）綠色區塊的右半部。

也就是說，在一條烘焙曲線以及一個平均升溫 ROR 的趨勢下，不同的出鍋點就能夠符合不同的豆子用途。

烘焙度的線性關係與平均升溫速率 ROR

在穩定的烘焙條件下（風壓、滾筒轉速）與一爆前的烘焙節奏之下，一爆後穩定的升溫速率將會使豆表與粉值的烘焙度形成兩條逐漸趨近的線性關係，RD 值（如圖 2-49）所示逐漸縮小。由此來看，我們改變了一爆到出鍋的升溫速率，也將改變豆表與粉值這兩條烘焙度線性的距離以及各自的斜率（斜率意味著烘焙度加深的速度）。

由於一爆開始釋放豆內累積的能量，有可能會使瞬時的升溫速率突然間上升，接下來隨著能量釋放後而減緩。但是咖啡豆內仍需要時間以及能量來將內部的化學反應持續進行。所以瞬時升溫速率雖然有助於火力的調控，但重要的是一爆開始到出鍋所使用的時間以及出鍋的溫度。所以實務上筆者習慣以平均升溫速率來規劃一爆後烘焙度線性的斜率與 RD 值的大小。

平均升溫速率指的是從一爆開始到出鍋區間的平均每分鐘升溫速率，而非瞬時的升溫速率 ROR，計算方式如下。

（一爆後的爬溫幅度／一爆到出鍋的秒數）×60= 平均升溫速率

這樣的計算方式就會有個優點，就是藉由一爆後嘗試使用不同的平均升溫速率，大致就能掌握相同出鍋點下咖啡豆與粉的烘焙度變化，也就是改變相同出鍋點的豆粉值。以及在相同豆表烘焙度下進行 RD 值與咖啡粉烘焙度的調整。對於烘焙師來說，就是自由掌握咖啡風味的呈現。而一爆點的認定問題就如先前章節所提到的，筆者習慣在豆內也到達蔗糖焦糖化的情況下，取一溫度當作是一爆。

舉例來說，藉由平常累積下來對烘焙度線性的掌握得知，以平均升溫速率 ROR 在 12 將豆表烘焙至艾格壯數值 70 的時候，粉值將會在 92，RD 值即為 22。在當我們以平均 ROR 9 的速率下將豆表烘焙至 70 的時候，粉值約在 84，RD 值為 14。兩種速率下分別烘焙到相同的豆表數值時，咖啡粉的烘焙度卻有很大的差異。

因此當我們想將一支高海拔精緻處理的豆子表現出較大的 RD 值時，可以選擇將平均 ROR 設為每分鐘 12 度。也就是說在一爆後升溫速度稍微快一點，並且出鍋前按自己設定的豆表烘焙度來對色出鍋。如果我們想將其呈現出集中一點、扎實一點的風味，就將平均 ROR 設為每分鐘 9 度，並且依照豆表烘焙度對色出鍋。如此一來，在掌握不同平均升溫速率下 RD 值的變化，即可掌握咖啡粉的加深速度，接下來就只要定好出鍋溫度，以及對色出鍋即可。因此，對色出鍋依然是烘焙師的基本功。

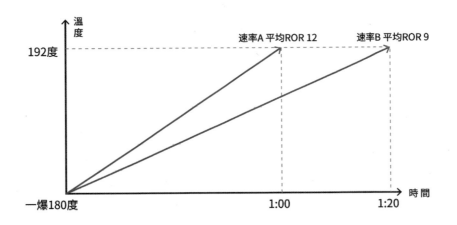

圖 2-49　一爆後不同平均升溫速率

　　在掌握了一爆後升溫速率對 RD 值的變化之後，烘焙師對色出鍋的判斷能力就顯得更加重要。在過去烘焙度與風味的對應關係、RD 值的觀念建立之前，我們慣用的調整方式是在出鍋後進行杯測，然後再決定提早一點出鍋，或是延遲一點出鍋這種較為簡單的調整方式。

　　但是了解到烘焙度對味覺的影響與變化之後，我們就能清楚得了解到一爆延長出鍋的時間，不只會改變香氣的表現，也會改變味覺上的感受。尤其在淺烘焙設定的情況下遇到 RD 值過大，延後出鍋的處理方式將會直接影響酸質與甜感的表現。而改變烘焙度的線性以及 RD 值的變化趨勢，則提供了另一種解決方式。

　　以筆者的日常教學以及工廠生產實務上來說，掌握烘焙度的線性變化以及生豆品質是烘焙師的基本功，藉此來針對不同的沖煮方

式、用途以及味覺表現來設定一爆後的出鍋時間。依照香氣表現來設定一爆後的升溫速率並依此來掌握 RD 值的變化。掌握了 RD 值變化，就掌握了咖啡粉值的變化線性，進而規劃出鍋溫度點與咖啡豆表的烘焙度色值。

簡單來說，烘焙師應該先清楚產品的用途與風味框架（這裡指的風味包含味覺、嗅覺、觸覺感受），接著進行烘焙度與出鍋溫度、時間的規劃，並且在執行後進行複盤、檢討。

▌一爆後烘焙度的線性探討 ── 烘焙度與風味和海拔的對應與調整

就大多數高海拔、精緻處理的精品豆來說，由於蔗糖含量以及萜烯類精油物質含量較高，且嗅覺對於精油類香氣的閾值較低，所以在適當的蔗糖焦糖化之下有利於增加豆體的膨脹度，進而讓萜烯類精油香氣可以充分溶於油脂中，增加萃取效率以及杯中的香氣感受。而過大的 RD 值則會讓香氣過於分散不集中，所以豆表烘焙度 70 以及 90 以下的粉值會是較為恰當的高海拔生豆樣品烘焙度。而在這樣的概念下，適當的延後出鍋點以及縮小 RD 值，亦可以增加風味的集中度以及有利於沖煮。當然，也要考慮味覺感受的變化趨勢。

而這樣的烘焙度設定（甚至更淺），對於著重在處理法香氣表現的咖啡豆來說更容易凸顯其特色。由於處理法所帶來的香氣多為親水性較佳的醇、醛、酮、酯類，在萃取時不似高海拔咖啡的精油

類原生風味需要顧及到脂溶性的特性，而是要注意咖啡豆的膨脹
度、焦糖化程度。

烘焙度線性、風味的關聯 - 高海拔精緻處理的咖啡豆

烘焙度70/90的情況下脂溶性、揮發性高、閾值低的酵素類（花香、柑橘、莓果）等香氣占主導，
必須提高焦糖化程度與膨脹度有利風味的呈現。適合濾滴、手沖。

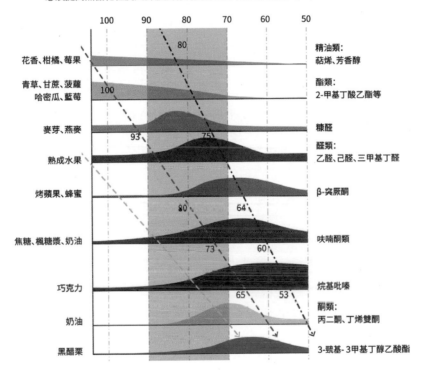

圖 2-50 高海拔精緻處理咖啡豆的烘焙度線性與風味之關聯 1

在相同的烘焙度線性變化下，我們將出鍋點延後，咖啡豆表、咖啡粉以及味覺感受都會隨之變化。以（圖 2-51）的線性變化為例，當我們將出鍋時間點選擇在一爆結束後的 64/80，所表現出來的風味將會是烘焙風味的焦糖化香氣（焦糖、奶油、巧克力等）為主，而原生風味（花果類香氣）以及處理法風味為輔。

由於分子量較小的精油類香氣濃度下降許多，味覺上的酸味也隨著烘焙度加深而下降，這樣的烘焙度不只適合濾滴式、浸泡式的單品咖啡，也適合瞬間高溫、高壓的單品濃縮。既避免了濃度增加而讓風味感受產生變化，在沖煮用途上也有較大的包容性。

由此看來，高海拔精緻處理的豆子烘焙度上有著較大操作空間，就算深烘到二爆後的程度也有較佳的風味感受，套一句棒球術語來說，就是「好球帶很大」！

另外值得注意的是，由於高海拔咖啡豆的蔗糖含量較多，有些咖啡豆的豆表在經歷後處理過程後仍保留較高比例的糖分，進而導致焦糖化的節奏較快等現象。筆者過去烘焙巴拿馬 BOP 樣品以及 2022 年台灣 PCA 冠軍豆御香藝伎莊園的水洗瑰夏時，即發生 T2 時的氣味更加濃郁，以及一爆後豆表上色速度較平常來的更快，進而使得相同出鍋時間／溫度下的 RD 值過大，對此可以透過調整葡萄糖焦糖化之後的升溫節奏來進行調整。

烘焙度線性、風味的關聯 - 高海拔精緻處理的咖啡豆

烘焙度64/80的情況下,脂溶性、揮發性高、閾值低的酵素類的花香、柑橘、莓果等香氣下降,
焦糖化程度與膨脹度較高。味覺感受上酸度下降,適合單品濃縮SOE

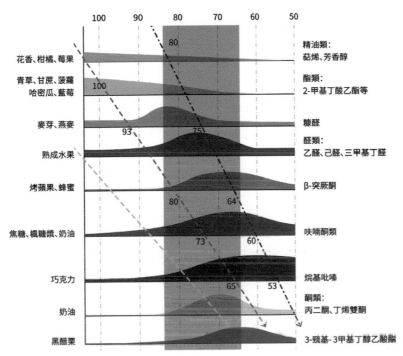

圖 2-51 高海拔精緻處理咖啡豆的烘焙度線性與風味之關聯 2

就中海拔的咖啡來說,精油類的香氣物質在濃度上較低,原生風味不如種植於高海拔的咖啡來得突出。所以較淺的烘焙度以及偏大的 RD 值在風味的呈現上未必恰當,在水洗處理的咖啡上容易呈現出略帶甜感且輕盈、綠色的草本、甘蔗、瓜果類香氣,品嚐時風味寡淡、較不易捕捉到主軸,此種情況往往將出鍋點延後,隨即

有明顯的改變。這樣的情形有時也會在高海拔精緻處理的咖啡上面發生。

　　但是從烘焙度線性以及烘焙度對味覺的影響角度來看，上述的狀況其實是嗅覺與味覺、觸覺感受的搭配不夠愉悅所造成的。而在處理法風味較為凸顯的豆子上來說，雖然處理法風味對於品嚐者來說較容易識別與感受，但是也與水洗處理的咖啡豆一樣，在偏大的 RD 值的情況下有著風味不夠扎實且持續性不佳的問題。在面對這樣的問題，選擇延後出鍋時間點也就意味著咖啡豆表與粉的烘焙度隨之加深，為咖啡豆帶來更大的膨脹度以及烘焙風味。膨脹度可以增加風味物質萃出的效率，更多的烘焙風味也讓品嚐感受更為濃郁。但是除此之外，也可以藉由調整一爆後的升溫速率來縮小咖啡豆表與粉之間的烘焙度差距 RD 值，如此一來可以讓香氣更為集中，味覺感受更為扎實明顯。（圖 2-52）

　　在烘焙度 60 以下的風味表現上，由於原生風味物質受到烘焙度的加深而損失，隨即進入到以烘焙風味為主軸的情況，因此高海拔與中海拔咖啡在這個烘焙度下的差異性就不大。如果在風味設定上想呈現出以烘焙香氣為主的風味表現（例如 RD 值較小的深烘焙義式豆），那麼中海拔咖啡豆也是不錯的選項之一。（圖 2-53）

　　就大多數中低海拔精緻處理的咖啡豆來說，較缺乏高海拔咖啡豆所擁有迷人的原生風味以及蔗糖含量，所以選擇較淺的烘焙度以及稍微大一點的 RD 值，則容易凸顯出原生風味中的草本類香氣，以及玄米、麥子殼與爆米花等烘焙類香氣，味覺上也欠缺甜感，在

飲用表現上並不協調愉悅。即使是強調處理法風味的咖啡，在淺烘焙以及較大 RD 值的情況下，處理法所帶來的香氣雖然強烈，但是卻缺乏甜感以及餘韻來支撐，也容易呈現出虎頭蛇尾般欠缺均衡感的風味表現。

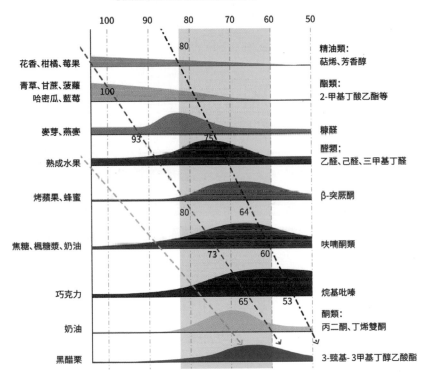

圖 2-52 中海拔精緻處理咖啡豆的烘焙度線性與風味之關聯

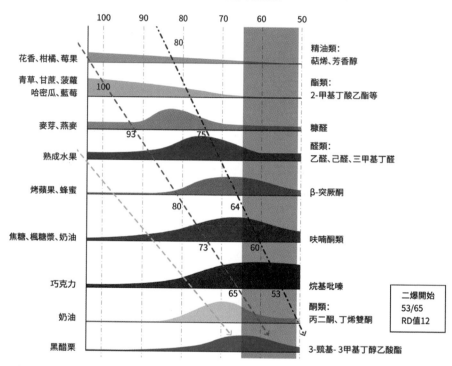

烘焙度線性、風味的關聯 - 中海拔精緻處理的咖啡豆

二爆初的烘焙度即可保留焦糖化的香氣，味覺上也留一定程度的甜味。
味嗅覺的搭配下可以凸顯甜感。適合義式濃縮用。

圖 2-53 中海拔精緻處理咖啡豆的烘焙度線性與風味之關聯 2

　　由於蔗糖含量較低，因而焦糖化帶來的奶油香、焦糖香等帶甜感的香氣強度較弱。所以在烘焙度的設定上適合較集中一點的 RD 值以及中深度的烘焙度。

烘焙度線性、風味的關聯 - 低海拔精緻處理的咖啡豆

由於低還把咖啡缺少酵素類的精油香氣, 蔗糖含量也相對較低。
不適合較淺的烘焙度與較大的RD值。

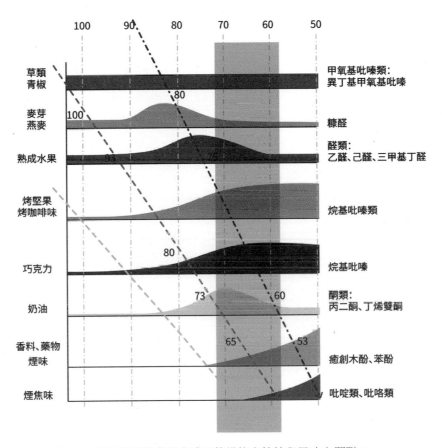

圖 2-54 低海拔精緻處理咖啡豆的烘焙度線性與風味之關聯 1

烘焙度線性、風味的關聯 - 低海拔精緻處理的咖啡豆

低海拔咖啡在中深烘焙度的風味表現主要以堅果、巧克力調性著主，
甜感也較低，在意式配方的使用上不適合採用過高的比例。

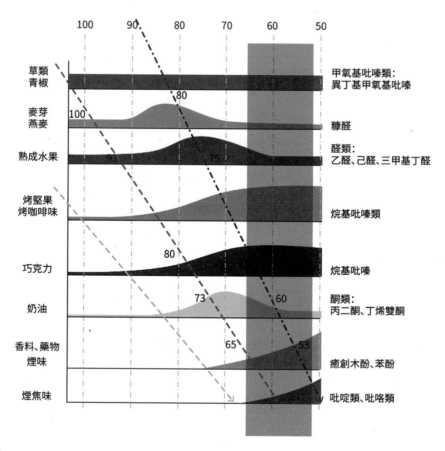

圖 2-55 低海拔精緻處理咖啡豆的烘焙度線性與風味之關聯 2

低海拔商業豆的烘焙度線性

　　中低海拔商業豆由於缺乏迷人的萜烯類精油香氣並且蔗糖含量較低，所以在相同的烘焙節奏下所測得的烘焙度數值往往遠低於高海拔精品豆，直到一爆末期才會快速加深烘焙度。以筆者實際測試下來，相同節奏與出鍋溫度下進行烘焙的高海拔精品豆色值為 76/96，而低海拔商業豆則為 86/106，在烘焙度的線性上面有著明顯的差距。所以使用與高海拔精緻處理豆相同的平均升溫速率下進行烘焙，往往呈現出大麥茶般的草本以及玄米、爆米花等烘烤氣味，並且在味覺的感受上缺乏甜感，因此反而凸顯苦味以及鹹味。

　　由於咖啡豆褐化上色的主要因素，分別來自於蔗糖焦糖化的黑色素以及梅納反應的梅納丁等兩大來源，所以在欠缺蔗糖含量的情況下，低海拔商業豆的烘焙度在一爆結束之前是緩慢增加的，直到豆表纖維素、木質素等多醣類逐步受熱分解後才開始加深。所以在烘焙低海拔商業豆的時候勢必要調整一爆後的升溫速率來改變烘焙度的線性，如（圖 2-56）紅色與棕色線條為放緩後平均升溫速率所對應到的烘焙度。這樣的調整將讓咖啡豆表與粉的烘焙度線性更為趨近，RD 值更為集中，如此一來咖啡的風味才不會顯得平淡呆板且無趣。

　　在將咖啡豆的海拔與烘焙度建立起關聯性之後，我們回過頭來思考「發展過度」、「發展不足」與「焙烤」等問題時，或許又會有新的體會。有些瑕疵，或許是咖啡的風味（嗅覺、味覺與觸覺）在品種、海拔、處理法等基礎條件下並未烘焙到令人愉悅的狀態。

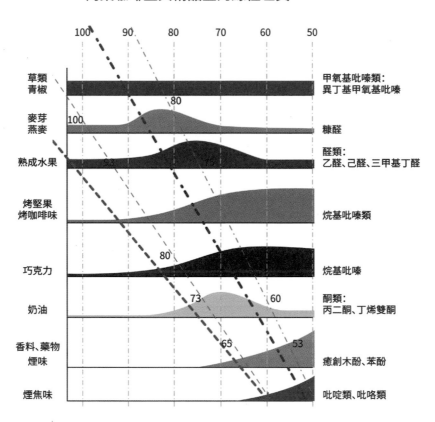

圖 2-56 低海拔商業豆與精品豆的烘焙度線性差異

咖啡豆氣味與色澤的分析以及對烘焙的影響

咖啡生豆從種植、採摘開始，到濕處理廠（Wet Mill）的發酵、乾燥等環節，最終再到乾處理廠（Dry Mill）的去殼、過篩分級與運輸等一系列過程裡，都會對咖啡豆的色澤、氣味、目數大小等產生影響。從種植採摘的角度來看，海拔越高，咖啡豆內的蔗糖含量也越高，咖啡豆內的酸質也就越明亮，咖啡果實熟成的時間也來的較晚，這就意味著在接下來的發酵過程裡，有足夠材料與微生物進行發酵。

因此過早採摘咖啡果實，則會影響咖啡豆內風味物質的含量，當然也會對發酵過程中所需的糖分含量產生影響。因此精品咖啡的生豆採摘上才會要求摘取成熟的紅果，並且避免青紅果混採、混收。

所以從海拔與蔗糖含量的角度來看，如果豆子海拔不夠高、甜度不夠、或者採摘過早，那麼接下來在濕處理廠（Wet Mill）即將進行的發酵過程裡，就顯得材料不足，進而影響接下來的酯化過程所產生的香氣，因此種植海拔與採收就是影響接下來後處理過程的核心要素。

接著我們就從後處理過程當中，發酵與乾燥的角度來討論對咖啡豆氣味與色澤上的分析影響。

先前提到過海拔與採摘對咖啡果實內蔗糖含量的影響，而不論是水洗處理還是自然乾燥、蜜處理等，不外乎都是藉由環境中的微

生物來分解果膠、果肉中的糖分來進行發酵，進而產生醇、醛、酮類等物質。在這過程當中要嚴格的控制發酵環境的溫度、時間以及酸鹼度 pH 值，才能穩定的複製出最終產生的結果。

其中若自然乾燥與蜜處理的發酵環境溫度過高時，會使得咖啡豆內的水分快速流失，進而導致豆體的水活性下降速度過快，微生物可能因此缺乏足夠的時間進行發酵（微生物的活躍需要保持一定程度的水活性）。所以自然乾燥與蜜處理的發酵過程特別講究在相對較低的溫度下，以及較長且緩慢的時間下進行慢速乾燥！

由於水洗處理環境下較適合微生物的繁殖增生，因此發酵的速度遠較自然乾燥與蜜處理過程來的快，必須適當的控制發酵程度以避免產生令人不愉悅的風味感受。控制發酵環境即為有效且首要的手段，發酵池的清洗與適時的換水、刷洗清除果膠都能夠有效的控制發酵速度。而發酵速度過快，會使得微生物快速孳生，進而產生異味臭味（藥味、苦感），以及低沉不愉悅的酸質（丁酸、醋酸等）。具體會使得生豆呈現出低沉的酸臭感、藥水味。

而發酵時間過長，則可能造成大量的醇類物質，使得咖啡豆表現出強烈的酒味，而較長的浸泡也將使得咖啡豆子表面的糖分流失。因此水洗處理在浸泡上講究換水、以及殘餘果膠的洗淨，以及浸泡後的溫和且適當的慢速乾燥。

就氣味上來說，我們講究「**清新、上揚且帶甜感的水果香氣**」，以及對咖啡豆表面色澤的掌握，則是我們判斷豆子發酵與酯化過程是否恰當的方式。

發酵進行過程當中所產生的醇類在與有機酸進行脫水酯化，就會產生具有清新草香、甘蔗、甜玉米以及熟成水果類的酯類香氣。以水洗處理法來說，品質精良的豆子會呈現出甜甘蔗、甜玉米等香氣。而自然乾燥與蜜處理的豆子則呈現出莓果、果乾、瓜、紅莓與蜜餞等香氣。而這些酯類香氣是水溶性的，所以即使烘焙度較淺的情況下，仍然可以感受到熱帶水果的香氣。

而發酵過程越輕，豆體表面越是呈現碧綠色以及淡綠色的色澤。而發酵程度越重，在豆表越是呈現深黃色、黃褐色以及褐色的色澤，香氣當然越來越低沉，豆子表面也呈現收縮且不平整的狀況。

如先前章節所提到，咖啡發酵程度較重的情況下，咖啡豆表在烘焙過程中較容易受熱而分解，進而產生煙焦感與苦味。因此對氣味與顏色的掌握不只可以對生豆的發酵過程有所掌握，也可以在接下來烘焙過程中對可能產生的問題進行及早規劃因應。

圖 2-57 阿里山豆御香藝伎莊園的 Giesha 品種

圖 2-58 2023 年五月份仍在採收的阿里山豆御香藝伎莊園

參考文獻

旦部幸博（2017）。咖啡的科學。台中市：晨星。

劉木華、楊德勇（2000）。高分子科學中的玻璃化轉變理論在穀物乾燥及儲存研究中的應用初探。農業工程學報，5，95-98。

G. Downey, J. Boussion, and D. Beauchêne (1994). Authentication of whole and ground coffee beans by near infrared reflectance spectroscopy. *Journal of Near Infrared Spectroscopy, 2,* 85-92.

W. J. da Silva, B. C. Vidal, M. E. Q. Martins, H. Vargas, C. Pereira, M. Zerbetto, and L. C. M. Miranda (1993). What makes popcorn pop?. *Nature*, 362, 417.

S. Schenker (2000). Investigations on the hot air roasting of coffee beans . *D.Phil thesis.* No.13620. ETH Zurich.

使用近紅外線為熱源的盧貝思烘焙機

Chapter 03

能量的設定與調整

▌風門、轉速與能量供應間的關係

在了解了各個烘焙階段裡咖啡豆受熱後的變化,以及對風味的影響之後,接下來就是掌握能量的供應方法,在適當的時機給予豆子適當的能量。而烘焙機的操作上不外乎就是從氣流、能量與轉速這三方面來調整,接下來我們將一一討論。

安全風門的設定

設定安全風門之前,應該在冷機且烘焙機器未啟動的情況下,確認外在環境並不會對機器內的氣流產生影響。如果在烘焙機排煙路徑上有使用外置風機、後燃機以及靜電機等除煙設備的話,請在烘焙機冷卻且未啟動的情況下先開啟這些設備,並且在設備運轉穩定後,使用打火機或是壓差表進行測試。當取樣孔的火焰呈現垂直狀,壓差表數值保持在零的位置即可,這樣的測試即表示烘焙機內沒有外力造成氣流的流動。

在設定安全風門時,應該在不開啟熱源的冷機狀態下,以及有載量的條件下進行設定。設定時先開啟機器抽風,將風門、風速(風壓)調到最小,並且在有生豆載量的情況下,有序的逐漸加大風門或風壓。每加大一階的風門時即等待片刻,大約在 10 至 15 秒後,待氣流穩定再點燃打火機進行測試,當火焰呈現 30 至 45 度時即是安全風門的下限區間。

圖 3-1 過大的風壓，呈現細小的火焰

圖 3-2 安全風門上限

圖 3-3 安全風門的下限

圖 3-4 過小的風壓，已低於安全風門下限

　　若是烘焙機有搭配壓差表的話，則可以記錄下安全風門所對應的負壓數值。並且以此負壓數值下對應的風門來進行熱機，熱機完成後也留意風壓表的數值。每次烘焙開始之前，就將風門開啟到烘焙載量對應到的風壓數值，然後再開始熱機，並且確認熱機完成後的風壓數值與先前保持一致，必要時可以做適當的調整。

　　每鍋烘焙結束後，都要確認一下風壓數值是否與熱機後的風壓數值一致，如果數值變小則有可能是銀皮堵塞、入豆閘口沒有完全閉合等因素對氣流造成的影響。

　　「安全風門」的設定並不是一個固定的值，而是一個隨著烘焙載量而變的「範圍」，目的是確保氣流的流動與換氣，並且確保空氣能適當被熱源加熱，所以安全風門的設定就必須要滿足這兩項基本目標。

　　以燃氣型烘焙機來說，充足的進氣可以避免熱源燃燒不完全，以及發生氣爆的危險，所以在安全風門的設定上必須滿足這樣的要求，進而產生足夠的熱對流。

　　而 Beanbon 浮風式烘焙機的氣流作用上帶有攪拌、翻攪豆堆的效果，偏低的氣流（風力）設定不只無法翻攪豆堆，也會使得豆堆上下層受熱不均。

　　過快且過大的風壓、風門設定則會使冷空氣快速經過熱源，並且快速穿入與穿出鍋爐。如此一來冷空氣被熱源加熱的時間較短，進入滾筒後，對爐內的加熱效果也較差，勢必要依靠強大的熱源效能來應對。若熱源（火排）效能好，或是以後燃機提供的高溫空氣進行加熱的機型（例如義大利的 IMF)，則可以使用較大的風門、風壓設定，在實務操作上甚至可以採用 90 度的打火機火焰角度進行操作，但仍要注意火苗的粗細以及溫度上升的速度。安全風門的測試下，能建立起爐內的能量累積下的最大風門與風壓，這樣的風門與風壓設定可以視為安全風門的上限。

圖 3-5　筆者於黑沃咖啡烘焙廠使用 IMF 烘焙機進行教學

電熱型的烘焙機雖然沒有燃氣型烘焙機的氣爆風險，但是仍要注意熱源的加熱效能來進行設定。

以半熱風型的烘焙機來說，在初略設定好安全風門之後，筆者習慣在此設定下將爐溫上升至預設的入豆溫度，並且測試需要使用多大的能量開度才能使爐溫保持穩定。如果所使用的能量開度達到最大值的 30%，則必須適當調小風門、風壓。以經驗上來說，約保持在能量最大值的 20% 以下較為妥當。

　　以筆者自己的貝拉 Mini500 為例，瓦斯流量的最大值為 260mmAq，則維持溫度平衡所使用的火力應該低於 80mmAq。當然，最終仍然要以烘焙出來的結果以及烘焙師個人的喜好再來進行調整。

　　在相同的烘焙載量下，範圍的上下限都能建立起有效的氣流運作。以我實務的經驗來說，使用稍大的風門、流速（風壓）烘焙到豆表艾格壯數值 70 的時候，咖啡粉的數值會較淺，來到 90 至 94，造成 20 至 24 的 RD 值。而使用較小的風門（風壓）時，由於能量累積的速度較快，因此當豆表烘焙到相同艾格壯數值 70 的條件下，可能粉值來到 85 至 83（RD 值 15 至 13）。但是 RD 值越小則隨著烘焙度的加深，則烘焙度的線性會逐漸趨近，RD 值會隨著烘焙時間而逐漸縮減，造成風味更加集中、呆板。而粉值深淺以及 RD 值大小本身無好壞之分，應該要搭配所使用的豆子品質以及最終的烘焙目標來進行設定。

　　要注意的是，進氣流沒有經過規劃的直火機種與電熱機的風門設定盡量使用安全風門範圍中較小的開度（轉速、風壓）。如果在機器的加熱性能、保溫性能較好的情況下，以及進氣流經過規劃的直火機，風門的開度甚至可以大一點也無妨。

　　烘焙機的排煙路徑上應注意是否有額外的阻力或是負壓抽力，例如烘焙機與排煙出口之間的距離盡量縮短，並且排煙管盡量以直線為主，能直線就不要彎曲，避免管道影響氣流排放。如有搭配靜電機等除煙裝置，建議搭配外置風機並且與烘焙機的排煙管進行虛接。

圖 3-6 高雄艾暾咖啡教室內 Kapok 烘焙機排煙虛接設置

能量的掌控

　　一般滾筒式烘焙機在烘焙之前都有熱機的過程，目的則是提高機器內的金屬蓄熱，為接下來的咖啡豆烘焙儲備能量。滾筒式烘焙機在預儲能量的情況下開始烘焙，也因此才會有入豆溫、回溫點等名詞。

　　但是在一些純粹靠熱空氣加熱咖啡豆的烘焙系統中卻未必如此，例如不用熱機，即可在室溫下開始烘焙的 Beanbon 浮風式烘焙機。由於不需要熱機，所以當然就沒有入豆溫與回溫點這些概念。但是烘焙伊始所測得的溫度仍然高於室溫，約在五六十度左右，這是因為溫度探針捕捉到的能量是風扇所吹出的熱空氣與室溫下咖啡豆的綜合結果。與熱機後的滾筒式烘焙機相對比之後，就可以發現，最大的差別在於烘焙機的金屬蓄能，以及金屬蓄能所帶給空氣、咖啡豆的能量。

　　也因此在教學上，我會習慣先以 Beanbon 浮風式烘焙機進行教學，使用這種極大比例依靠熱空氣加熱豆子的機器，來了解烘焙過程中對能量的需求，以及咖啡豆在氣味、豆體、聲音、色澤上等的變化。

圖 3-7 筆者在教學時常以 Beanbon 進行氣流與色澤氣味的掌握教學

▌烘焙前後風溫、豆溫、回溫點的意義

關於風溫：

　　一般的烘焙機都會在滾筒的進風處或者是出風處安裝風溫探針，這些俗稱的風溫探針不管是前者還是後者，在烘焙過程中都不會接觸到咖啡豆，所以探針所捕捉到的能量大多為空氣與金屬的輻射熱所帶來的，其中又以空氣所占比例較多。而空氣會受流速影響，進而影響熱源對空氣、金屬以及空氣、金屬對咖啡豆的加熱。烘焙前的風溫與豆溫探針所探測到的溫度，並沒有包含咖啡豆，所以可以視為鍋爐內的能量狀態。

　　而全熱風型的烘焙機如 IMF 是由後燃機所提供的高溫熱空氣為主，以進風溫先決的概念進行烘焙，在混入冷空氣後以達到操作者預設的進氣溫度。由於空氣的熱傳導效率與溫度、流速相關，所以氣流的快慢將會直接影響對鍋爐內的豆子、金屬的加熱效果。當咖啡豆到達 T1 階段進入水分活躍、導熱效果佳的橡膠態時，適當的風速與風溫設定可以有效加熱咖啡豆。依照牛頓冷卻定律，較高的進風溫設定，即意味能提供更多的能量將咖啡豆從室溫的狀態下進行快速加溫。

　　這種有別於傳統以豆溫的升溫狀況來調整燃氣流量，或是燃氣百分比的控制方式，是以設定進入鍋爐的空氣溫度（進風溫），進而來調整豆子升溫操作概念，其實在工業生產的大型烘焙機上面很常見，並且在能量的供應上更為精準。燃氣流量與百分比的控制方式可能受到燃氣純度、室溫、濕度等因素的影響，最終加熱後的空

氣溫度未必相同，施予咖啡豆的能量也未必如預期，因此在操作上
更依賴出風溫與豆溫的搭配判讀。

　　以設定進風溫為操作方式的話，則是排除了上述的影響，以進
入鍋爐的空氣為設定目標。以筆者實際使用的經驗來說，這樣的操
作在烘焙過程中對於咖啡豆的能量供應設定更是來的精準，尤其是
對咖啡豆的熱源較為單一的全熱風以及浮風式烘焙機上，也更有利
於曲線的複製與品質穩定。而 IMF 烘焙機的滾筒壁上佈滿了孔洞，
也是為了減少與金屬的接觸熱，對咖啡豆的熱源角度來說，熱空氣
的佔比就更大了。筆者使用過的 IMF 全系列、ADM 奧迪恩浮風式
烘焙機以及 UG22 電腦版等機種都是以進風溫的溫度作為能量供應
設定的。

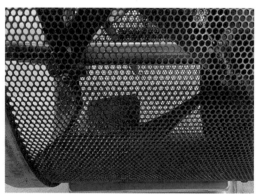

圖 3-8 義大利 IMF 熱風烘焙機的滾筒與攪拌葉
　　　片（左）

圖 3-9 義大利 IMF 熱風烘焙機特殊設計的滾筒
　　　可以大幅減少金屬接觸熱（感謝澳立福
　　　實業提供照片）（上）

下方三張圖片（圖 3-11~13）是使用 ADM Mini 浮風式烘焙機，以及分別使用 250℃、260℃、270℃ 的進風溫加熱相同的咖啡豆，可以很明顯地看到較高的進風溫能快速且更高效率的加熱咖啡豆。試想咖啡豆從室溫的狀態開始，分別加熱到 110 度果糖焦糖化、145 度葡萄糖焦糖化、160 度蔗糖焦糖化再到更高溫的一爆、二爆。在 T1 之後提供更高的進風溫可以快速加熱豆子，並且依照烘焙師的設定調整 T1 至 T2 的時間與節奏。而當豆子升溫後與進風溫之間的差距越來越小時，豆溫的升溫速率即逐漸下緩。

圖 3-10　ADM Mini 烘焙機的進風溫探針

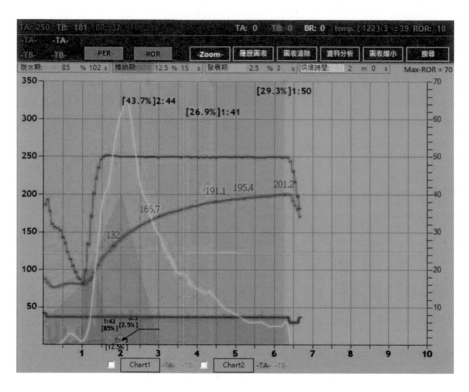

圖 3-11 AMD 浮風式烘焙機以 250 度的進風溫進行烘焙

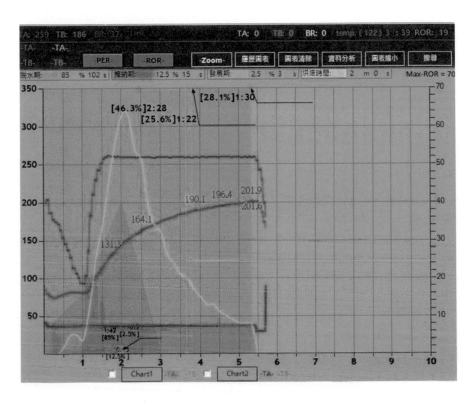

圖 3-12 AMD 浮風式烘焙機以 260 度的進風溫進行烘焙

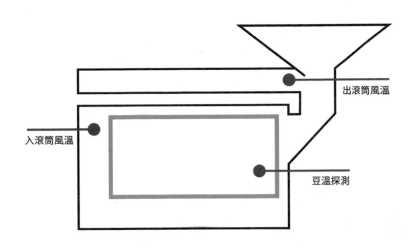

圖 3-13 AMD 浮風式烘焙機以 270 度的進風溫進行烘焙（感謝奧迪恩科技提供照片）

而烘焙開始之後的出風溫以及出風溫的升溫速率 ROR 可以體現鍋爐內的蓄能狀態，再搭配觀察咖啡豆在烘焙過程四個階段裡水分活躍的情況來判斷，更能掌握能量的供應節奏。

出滾筒風溫

入滾筒風溫

豆溫探測

圖 3-14　進 / 出風溫與豆溫探針示意圖

　　就出風溫而言，搭配電子風門（變頻風扇的）機型例如荷蘭
Giesen 烘焙機就有出風溫先決的操作方式，這種操作概念與義大利
IMF 和 ADM 浮風式烘焙機一樣，設定了風溫之後，烘焙機會以設
定得出風溫自動調整火力。而出風溫為鍋爐內消耗後排出的氣流溫
度，所以出風溫越高意味著鍋爐內的能量狀態越高。以（圖 3-15）
為例，筆者在到達 T1 階段後隨即將火力設定為自動控制，而出風
溫設定在 215 度（虛線部分），因此出風溫會在火力最大值的加速
下升溫。當風溫趨近於設定的 215 度時，火力隨即關閉，並且反覆
點火、關閉讓風溫趨近於 215 度。

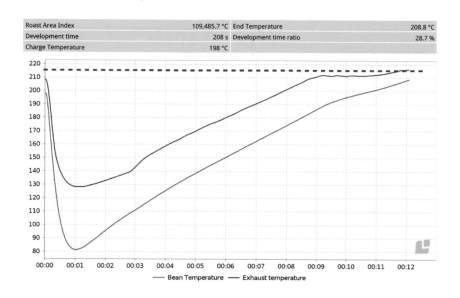

Roast Area Index	109,485.7 °C	End Temperature	208.8 °C
Development time	208 s	Development time ratio	28.7 %
Charge Temperature	198 °C		

— Bean Temperature — Exhaust temperature

圖 3-15 以 Giesen 為例，筆者在 T1 後設定出風溫來進行操作

　　依照筆者的經驗，出風溫與豆溫之間的差距越大，即意味著
鍋爐內的能量水位較高，對豆子的加熱能力較強。但是這並不代表
這些能量就能被咖啡豆吸收，還是要看咖啡豆本身處於什麼樣的狀
態，再給予適當的能量供應。

　　楊家與 HB 等搭配閘口式風門的烘焙機種在調整閘門流量大小
時，會使得出風溫明顯下降，但是也因此增加鍋爐內熱空氣與豆子
接觸的時間。雖然出風溫數值下降，但是仍要留意豆表的升溫狀態
以及豆溫與風溫之間的差距。

關於豆溫：

　　豆溫探針也是大家最關注的溫度參考，在烘焙開始之前，豆溫探針並沒有接觸到豆子，所以這時候所偵測到的溫度也多為空氣與金屬輻射熱所帶來的。

　　以滾筒式烘焙機來說，烘焙開始之後咖啡豆也進入了鍋爐內，所以此時加熱豆子的能量來源包含了金屬對豆子、空氣對豆子、豆子對豆子等接觸熱，以及金屬的輻射熱。而豆溫探針所捕捉到的溫度則來自於豆子、空氣與金屬受熱後所產生的輻射熱。隨著咖啡豆在滾筒內攪拌、翻炒等移動，以及豆子在 T1 階段後受熱膨脹、變輕之後更容易被拋撒在空中，豆溫探針的位置也會對捕捉到的溫度產生影響，通常烘焙載量越多，探針捕捉到的溫度會較接近豆子的真實溫度（但是不相等）。

	入豆前	入豆後
風溫	空氣＋金屬輻射熱	空氣＋金屬輻射熱
豆溫	空氣＋金屬輻射熱	空氣＋豆子＋金屬輻射熱
氣流	無豆子阻力	阻力隨豆量、豆子體積而增加

圖 3-16　入豆前後風溫、豆溫與氣流的變化

　　因此，烘焙前熱機的時間越長，或者是入豆時的豆溫、風溫顯示的溫度越高，則代表烘焙機內所積蓄的能量較多，以半熱風型烘焙機來說，金屬鍋爐壁所累積的能量也越多。但對於爐壁上有孔洞的「直火機」來說，金屬鍋爐壁累積的能量就相對低一些，義大利 IMF 的網狀孔洞鍋爐更是遠低於前者。

以 Beanbon 浮風式烘焙機來說，這種不需要熱機，也沒有金屬攪拌葉片，可以在冷機的狀況下原地起步的烘焙機，所捕捉到的豆溫則是以豆溫以及空氣溫度為主，機器金屬所帶來的熱量將隨著烘焙時間與溫度逐漸增加。

因此當我們在思考烘焙過程中的能量供應時，就必須從咖啡豆的角度來思考，可以從哪裡獲得能量？如上述所討論到的幾款烘焙機都有著不同的設計理念，以及能量供應方式。有些機器強調鍋爐壁厚實、蓄熱好，有些機器鍋爐壁既薄且覆蓋面積也低，有些機器甚至純粹以熱空氣進行加熱。掌握好機器的特性與能量供應，才能在烘焙過程中的各個階段給予適當的能量。

關於回溫點：

以滾筒式烘焙機來說，在烘焙開始之後，豆溫探針所讀取的溫度會隨著時間快速下降，這是由常溫下的生豆，進入了高溫的烘焙環境後所造成的。此時鍋爐內的能量正在努力將常溫狀態下的生豆進行加熱。當低溫的豆子被高溫的爐內能量抵消，豆溫探針溫度停止下降，並且開始爬升時，讓烘焙曲線呈現出一個勾狀的反彈點，也就是我們俗稱的豆溫回溫點 (Turning Point,TP)。

由於回溫點背後的意義即為鍋爐內能量與常溫下的生豆間的拉鋸、平衡，所以烘焙開始之前的鍋爐內能量狀態，也會直接反映在回溫點上。所以烘焙前的豆溫與風溫探針數據，就是鍋爐內能量狀態的反應。

而與之相抵消的就是常溫下的咖啡生豆，因此正常烘焙操作下，咖啡生豆的載量多寡也將直接影響回溫點。

　　回溫點當然也會因探針的形式與長短、位置、鍋爐與熱源間距等設計的差別而有所不同，以筆者使用的烘焙機如 IMF RM15、Giesen W6A、Giesen W15A、邵家 600N、JYR、Boxter 等烘焙機為例，回溫點通常發生在烘焙開始的第一分鐘。而部分烘焙機如貝拉 Mini500、楊家 803N 等則為 1 分 30 秒至 1 分 45 秒不等，所以使用時只要稍微掌握機器的回溫時間，並且確保時間一致即可。

　　同一台機器在烘焙時只要在回溫點的時間上保持一致即可，回溫點過早，通常回溫之後的升溫速率（ROR）會特別高。

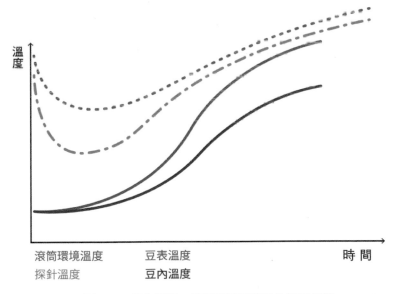

圖 3-17　高入豆溫、低回溫點等高初始能量狀態

回溫點高低對於烘焙又有什麼影響呢？我想這是許多烘焙師的疑問。

從咖啡豆入鍋開始，這個階段屬於烘焙四階段中的第一階段——入豆到 T0/T1。

粗略來說，回溫點高的話，也就意味著鍋爐內的能量較多，金屬與空氣所提供的能量也較多，反之則鍋爐內能量較低。咖啡豆開始受熱烘焙後，會逐漸升溫，並且豆子的狀態會從堅硬的玻璃態轉變成柔軟的橡膠態（實際狀況依豆子的含水率、密度而有所不同），這也是先前提到的玻璃轉化溫度。

低入豆溫、低回溫點狀態

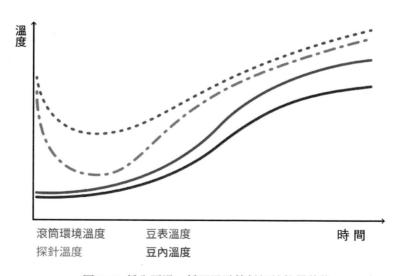

圖 3-18 低入豆溫、低回溫點等低初始能量狀態

對於從室溫的環境下進入一個能量較多、溫度較高的鍋爐烘焙環境裡的咖啡豆來說，豆表所接受到的熱能也會比較多，這將直接導致豆表的升溫速度明顯較快。如此一來也會使豆表較早來到玻璃轉化溫度，到達豆表軟化的節點 T0（溫度／時間）。此時的豆表會開始軟化，豆表的水分也會開始活躍起來，接下來就需要有足夠的時間讓水分逐漸向豆內活躍，進而使能量傳入豆內。

　　如果回溫點低，則代表鍋爐內能量少、溫度低，如此一來咖啡豆表接受到的能量也比較溫和，來到 T0 所花的時間相對來說也會比較長，接下來所需要的能量也相對較多。因為 T0 僅為豆表軟化，接下來仍然需要將能量導入豆內，讓整顆豆子軟化。當整顆豆子內的水分活躍，讓豆體呈現柔軟橡膠般的狀態 T1 時，此時大量活躍的水分將吸收鍋爐內有限的能量，接下來將需要更多的能量來加熱豆子與鍋爐。

　　特別要注意的是從 T0 開始能量透入豆內，並促使豆內的水分活躍，進而使整顆豆子進入 T1 的狀態需要的關鍵是「時間」，尤其密度越高、體積越大的豆子，在此階段越需要時間。

關於烘焙載量：

　　烘焙的過程中，咖啡豆在鍋爐裡受熱，進而產生各種物理、化學變化。而烘焙載量則是與能量的供應有著直接關係。烘焙時的入豆量越多，則加熱這些豆子所需要的能量就越多。這不外乎來自於鍋爐內的金屬以及熱空氣對咖啡豆的接觸熱。

從能量供應的角度來看，在相同的空氣流速（風門、風壓）以及滾筒轉速下，入鍋前金屬與空氣的蓄熱則是反映在風溫探針與豆溫探針的讀數上。烘焙載量越多，則入豆時的風溫、豆溫就要相對高一點。載量越低的話，則相對低一點。

在進行不同載量的烘焙操作時，筆者習慣調整入鍋前的豆溫與風溫狀態，進而保持入鍋後相同的豆溫、風溫回溫點。

如先前提到的，回溫點即為鍋爐內能量與常溫下的生豆間的拉鋸、平衡，所以在不同載量的烘焙操作下保持相同的回溫點，也意味著鍋爐內的能量狀態差異不會太大。尤其在操作熱源加熱效能較佳的烘焙機型時（例如 Giesen、Probat、Kapok、DMR 等），筆者更偏向保持稍低的回溫點，並且搭配較高的滾筒轉速來進行烘焙，藉由較高的攪拌轉速來降低金屬鍋爐壁對咖啡豆的接觸熱。

關於滾筒轉速：

滾筒內通常帶有葉片設計，目的是讓滾筒轉動的同時能夠將咖啡豆進行攪拌、拋甩。鑄鐵、不鏽鋼等不同的材質使用，也將影響滾筒的導熱效果以及能量的積蓄。

還記得兒時的火焰戲法嗎？當手指快速的在打火機火焰上移動時，手指並不會感到灼熱，除非手指移動的速度放緩。

以一般的半熱風是烘焙機來說，由於熱源安置在滾筒下方，烘焙機的火排等熱源就是打火機，而手指就如同烘焙機上的滾筒。如

果滾筒的轉速越快，火排加熱後的熱空氣對滾筒的加熱效果將會大打折扣，進而導致氣流的溫度較高。

就滾筒內的視角來看，滾筒的轉速越快，對豆子的攪拌拋甩就越頻繁。相對地，豆子與滾筒的接觸時間則會縮短，也可以預料的是滾筒對豆子的接觸熱也會下降。空氣與豆子接觸的時間相對較長，更依賴熱空氣來加熱豆子，因此轉速越高的設定，對於熱源的效能要求就更高，受滾筒材質的影響就越小。

我們繼續依照這樣的角度來延伸，不同烘焙載量的烘焙機在滾筒大小上有著明顯的差異。烘焙載量越大的機器，如烘焙量 30 公斤機型的滾筒直徑相對於 5 公斤的機型來得大，也遠遠大於 500 克的烘焙機，因此咖啡豆攪拌時在空中拋甩的時間也受到滾筒直徑的影響，載量越大的烘焙機在轉速設定上可以稍微慢一點，載量越小的烘焙機可以採用稍微快一點的轉速設定。就筆者的使用習慣，會依照烘焙機的熱源效能、鍋爐直徑來設定轉速，一般會將轉速設定在 50RPM 至 80RPM 之間。

當然，並不是所有的烘焙機都可以調整滾筒轉速，當遇到轉速固定的機型時，可以先計算軸承旋轉的速度來估算轉速，以及滾筒材質來進行風門與火力的搭配。若使用的烘焙機不具備轉速顯示的功能，可以購買單車用的計速器安裝使用。

圖 3-19 筆者加裝的單車計速器與轉速計

再談風門的設定

咖啡烘焙的三大變因分別是火力、氣流與滾桶轉速,穩定住變因也就能穩定烘焙成果。

而氣流的控制在大部分的烘焙機上的體現就是風門(風壓),一般來說風門大多是以閘口式的形式存在,另外也有電子風門這種以控制風扇轉速進而達到氣流控制的設定。

氣流的控制主要有兩個目的,一是保持鍋爐內的氣流流通;二是調節能量。

前者很好理解，類似一般室內設計「新氣替換」的概念，讓新鮮的空氣進入到鍋爐內，並且排除髒汙的煙塵，一但氣流流速緩慢，烘焙機的鍋爐與排煙管道就容易累積油垢。燃氣型的烘焙機在適當的風門、風壓設定下持續引入新鮮空氣，也能確保熱源燃燒完全，避免安全隱患。

　　後者也是大多數烘焙師所困惑的，往往以為要大風才能夠提供足夠的能量並且透入豆內。我們仔細想想，以常見的半熱風烘焙機來說，過大的風門、風速是不是會導致大量的新鮮空氣快速的進入鍋爐？在不增加熱源供應（例如火力）的情況下，快速流過熱源的空氣是否加熱充足？

　　想想小時候把玩打火機的遊戲吧，點燃火焰之後，如果我們的手掌快速經過火焰下，手掌並不會感到灼熱。在半熱風型的烘焙機上進行大風門以及高風速（風壓）的操作即是這個道理。這樣未被足夠加熱的氣流進入到鍋爐內，其實是卸除鍋爐內的能量，更何況是滾筒上布滿孔洞的直火機型。

　　過去的直火機型由於進氣流並沒有經過良好的規劃，過大的風門／風壓會使得紊亂的空氣未經熱源充足加熱，隨即經由滾筒上的孔洞快速流進並流出，最終使得烘焙結果不穩定。因此烘焙師必須採用較小的風壓來穩定氣流的進出，但是也因此使得鍋爐內的油煙不能及時排出，並且銀皮從孔洞掉落後被熱源燃燒，必須定時拆卸滾筒進行清潔。

　　讓氣流能保持流通並且適當被熱源加熱，即是安全風門的意

義。穩定了氣流以及滾筒轉速這兩個變因之後,烘焙的穩定性將會大大提高。

▋回溫點、風門風壓對鍋爐內能量狀況的影響與手法

先前我們討論過入豆前的豆溫、風溫以及入豆後的豆風溫之間的差異,入鍋後的豆溫探針探測到的不只是豆子溫度,也包含了空氣溫度以及金屬的輻射熱。而所謂的回溫點亦即是「鍋爐內的能量抵消常溫下的豆子後產生的折返點」。而正常情況下不論回溫點高到 120 度還是低到 60 度,鍋爐內豆子的溫度實際上並沒有太大的差異,那麼高回溫點的背後即代表鍋爐內較高的空氣溫度以及金屬能量。

而風溫與風壓的關係在先前的章節也仔細討論過了,半熱風與直火型烘焙機在較大的風壓設定下,空氣被熱源加熱的時間較短,當然被加熱的程度就較低,這樣的空氣進入到鍋爐內對豆子以及金屬的加熱能力已有限,所以勢必要在金屬的蓄熱以及熱源的加熱效益上面下功夫。

相反地,較小的風門風壓下,空氣有足夠的時間被熱源加熱,這樣的空氣進入到鍋爐內之後對於豆子以及金屬則能進行有效的加熱。所以簡單的說,風門越大,對鍋爐內的能量積蓄較慢。風門越小,對鍋爐內的能量積蓄就越強。

當我們把回溫點當成 Y 軸,而風門風壓的設定當成 X 軸來看,那就反映出回溫點當下鍋爐內的能量狀況(如圖 3-20)。

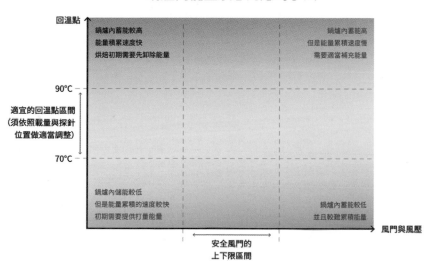

圖 3-20 從風門／風壓與回溫點的設定來調整鍋爐內的能量狀態

在這個九宮格的正中間，即為安全風門搭配 70 至 90 度的回溫點。雖然回溫點的讀取受到探針位置影響，但是以我自身的經驗來說，不論滿載量還是 1/12 載量烘焙，這樣的回溫點區間通常都能夠給予較為溫和的能量供應。

在這樣的風門／風壓與回溫點的搭配下，通常都能夠給予豆子較為溫和的能量供應，讓豆子能夠溫和的升溫到 T0 與 T1。並且當豆體到達橡膠態 T1 且內部水分活躍，開始大量吸收鍋爐內能量的時候，能夠給予足夠的能量將水分去除。這也是回溫之後烘焙師操作調整的方向。

　　以九宮格的左上方高回溫點＋小風門／風壓的狀況來說，高回溫意味著鍋爐內積蓄的能量較多（空氣溫度與金屬輻射熱較高），而小風門有利於能量的快速累積。以半熱風燃氣型烘焙機來說，調整方向應該是以卸除能量為主，也就是往九宮格中上移動，可在回溫後加大風門／風壓來卸除，必要時可以關閉熱源減少能量供應。

　　若連續烘焙後發現有回溫點逐漸提高的現象，則可以降低入豆溫並且增加風門／風壓開度來調整，並且重新調整鍋與鍋之間的操作來因應。這樣略高的回溫點與偏小的風門設定反倒是適合以電熱管為熱源的小型烘焙機。

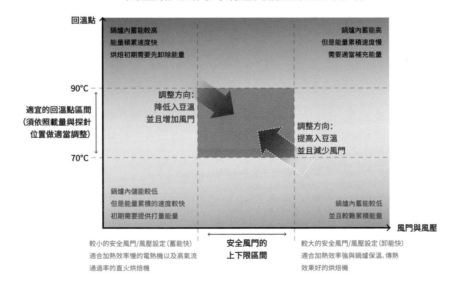

圖 3-21 爐內能量偏高與偏低時的調整方向

相對於左上高蓄能的狀況來說，右下角低回溫＋大風門／風壓的情況不只鍋爐內蓄能不足，大風門／風壓對於能量的累積來說更加緩慢，所以當務之急就是調小風門開度，並且加大能量供應來累積能量。並且在下一鍋烘焙之前調高入豆溫以及降低風門開度（圖3-22）。

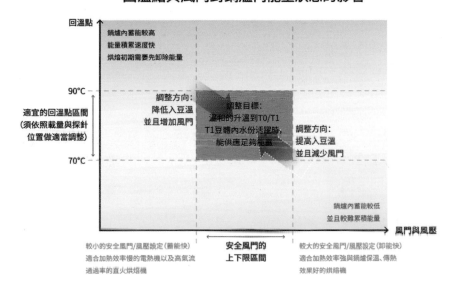

圖 3-22　內能量的調整方向始終以溫和的升溫到 T0/T1 為前提

　　以九宮格左下風低回溫點＋小風門／風壓的狀況來說，低回溫點意味著鍋爐內能量積蓄低，但是小風門／風壓有利於能量的累積，所以可以搭配較大的能量供應來因應。以浮風式烘焙機 Bean-bon 來說，由於這樣的烘焙機由室溫狀態下開始烘焙且無需熱機，

也沒有鍋爐壁提供的金屬接觸熱，所以就符合了低回溫點的條件。當然需要適當的風量來吹動、翻攪咖啡豆堆，以及較大的能量供應來加熱豆子。

而九宮格右上方的高回溫點＋大風門／風壓的狀況卻跟上者相呼應。高回溫點意味著鍋爐內積蓄的能量較多，但是大風門／風壓也意味著卸除能量的效率高，所以只要能夠提供溫和的能量讓豆子升溫到 T0/T1，並且當豆子到達 T1 時能夠給予足夠的能量就無妨，只要適當增補能量即可，這樣的搭配下，甚至可以一風一火到底。在烘焙廠的作業裡，為了趕產量連續烘焙的節奏下，鍋間的時間與節奏勢必要縮短，因此偏高的回溫點搭配稍大的風壓／風門也是一種應對的手法。

唯獨擔心的是風壓過大導致能量累積不易，最大的熱源供應也滿足不了 T1 時的能量需求。在這樣的狀況下，就要在 T1 時適當降低風壓風門來因應。

鍋爐內能量狀態的應對手法

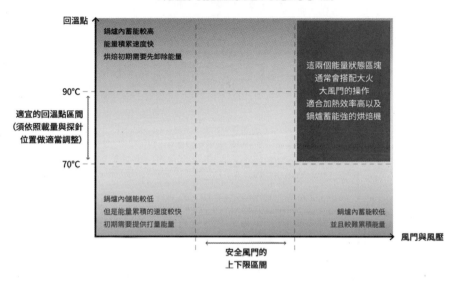

圖 3-23 連續生產的條件下可使用高回溫與大風壓的搭配方式應對

在使用高性能熱源、熱風比例較高以及蓄熱能力較佳的烘焙機時，以及工廠車間連續生產的情境下，通常會在烘焙初期會使用大風門／風壓＋大火力的烘焙設定，如九宮格右上與右中的狀況（如圖 3-24）。

高回溫點意味著鍋爐內蓄能較高，搭配安全風門或是較大的風壓設定下，則可以逐步卸除鍋爐內的能量。筆者時常看見這樣的烘焙設定下搭配關火入豆的手法，並且回溫後再擇機開火。實際上開火時間點依照當時豆子的外觀狀態來判斷，應該為 T0/T1 之間。

當我們把手法帶入到回溫點與風門／風壓設定後，就能意會到

不管入豆溫多高，回溫點如何，以及風門火力怎麼調整？其實最終目的都是「提供溫和的能量供應，讓豆子升溫到 T0/T1」以及「當豆體進入 T1 橡膠態時，及時給予足夠的能量」。

鍋爐內能量狀態的應對手法

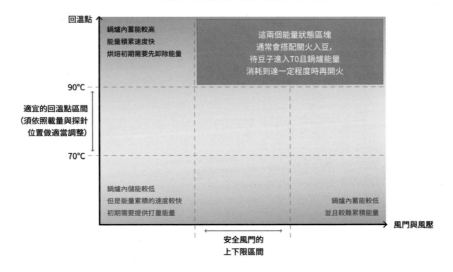

圖 3-24 從能量的角度來看高回溫點以及搭配風壓與手法

接下來當我們看到各種烘焙手法與曲線時，就要從轉速、回溫點、風壓／風門以及火力的角度來理解能量供應的狀況，並且搭配烘焙過程的四階段來解讀曲線，如此一來，在對應到杯測的結果時才能有所呼應。

▍火力、風門風壓與滾筒轉速的設定搭配

一般而言烘焙機都有火力調整、風門或是電子風扇、滾筒轉速等三種調整空間。

這些都是烘焙時的操作變因，當然變因越多，操作空間就越大，在風味表現上也越多元多變，操作上的困難度也就相對來得高。所以一般在操作上會盡量控制住變因，固定這三個變因中的其中兩個，只調整一個來穩定烘焙成果。

如此一來，在將變因固定的設定下，表現出來的風味會有其框架空間，例如有些烘焙機的滾筒轉速是固定住的，只能調整火力與風門。有些烘焙機的風門與滾筒轉速是固定的，只能調整火力。當然也有些烘焙機的火力與風門的調整空間非常有限，而這些操作上的變因被控制後，對烘焙師來說，操作的空間與框架當然也就會受限制。

再者，滾筒轉速稍慢了或是快了，溫度探針所接受到的能量組成也不同，能夠表現出來的風味框架也會稍微不同，所能呈現出來的風味樣貌也較為多變，這種烘焙機的特色風味就是多變，主要是呈現烘焙師的風格與喜好。

有些機器的滾筒轉速以及風門、風扇轉速固定住了，那麼操作空間就會相對較小，烘焙出來的結果也會相對穩定一點，即使由不同烘焙師的操作下也容易產生某些相同的風味面貌，也因此產生出該烘焙機的特色風味。這樣變因固定的條件下，也適合生豆樣品烘焙使用。

對於新手來說，如果想要嘗試由淺到深以及不同風味面貌的話，可以選擇操作空間較大的機種。當然難度也大一點。

先就熱源效能來說，燃氣與電熱兩種熱源的選擇也是大家關心的問題。許多地方因為操作環境限制，有禁止明火或是禁止使用燃氣的規定，這樣的要求下自然只能選擇電熱型的烘焙機。由於許多電熱型的烘焙機加熱與降溫的速度較為緩慢，有延遲的現象，所以在風門與滾筒轉速的操作上盡量採取保守一點的設定，可以設定在安全風門下限處（如圖 3-25：X 軸左 1/3 處）。所以在選購電熱型烘焙機的時候，可以測試一下機器的加熱性能，加熱性能較佳的電熱機當然也會像燃氣型烘焙機一樣，可以搭配風門、轉速調整等操作，表現出更多元的風味面貌，如此一來可以將風門設定在安全風門上限以內（如圖 3-25：X 軸中間至右邊 1/3 處）。

如果想表現較大的風味跨度以及活潑一點的飲用感受，那麼我會建議選擇燃氣型烘焙機以及全熱風型的烘焙機。由於全熱風型的烘焙機是依靠高溫的熱空氣來加熱豆子，並且盡量降低鍋爐壁提供的接觸熱，所以在風壓的設定上可以選擇超過安全風門的設置，並且依照豆子的導熱狀態來調整風壓、風速，進而調整風味的表現跨度。

曾有烘焙師反應全熱風的機型表現的風味都輕飄飄的、烘焙度偏淺偏前，對此我認為未必如此。適當的操作可以自由的操作烘焙度跨度與風味表現，這就得看機器有效操作空間以及熱源的強勁與否，以及烘焙師的技藝了。

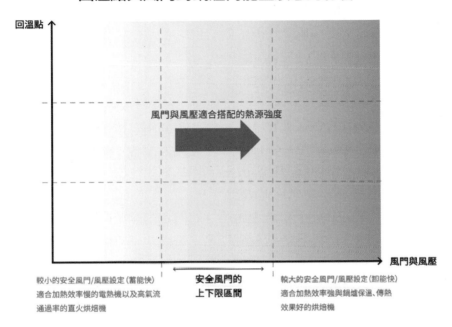

回溫點與風門對鍋爐內能量狀態的影響

回溫點

風門與風壓適合搭配的熱源強度

風門與風壓

較小的安全風門/風壓設定（蓄能快）
適合加熱效率慢的電熱機以及高氣流
通過率的直火烘焙機

安全風門的
上下限區間

較大的安全風門/風壓設定（卸能快）
適合加熱效率強與鍋爐保溫、傳熱
效果好的烘焙機

圖 3-25　風壓風門與熱源的對應關係

閘口式風門與電子風門

過去在使用閘口式風門的經驗裡，往往會因為閘口處的銀皮堆積引起鍋爐內氣流的變化。這樣的情況在可調式風扇的電子風門裡不易發生，所以就個人使用經驗上來說，首選當然還是使用電子風門搭配風壓表來調整氣流。

另外像風溫顯示、風壓表、烘焙曲線輸出等烘焙機功能配件，當然是越多越好。但是實際運用上，操作空間越大的機器，搭配這些功能配件的意義比較大，實用價值也更高。

而閘口式的風門主要是透過閘片的開合來調整氣流流量，閘片在最大的開度下所產生的氣流量仍然受風機功率等影響，以我個人的楊家 800N 直火為例，在調整閘口開度所測量的安全風門約在 4 至 6Pa 的風壓（圖 3-25：X 軸中間 1/3 處）。而原廠風機在風門全開的情況下可形成 60Pa 的風壓，這對一台直火機而言實在是太大了！在使用打火機法的測量下，打火機的火焰會直接被吹熄（風壓約等同在圖 3-25：X 軸右側 1/3 的位置，已超過安全風門上限）。

而有部分機型搭配的風機效能比較弱，即使在全風門的操作下仍處在安全風門的狀況。所以在面對一台機器的時候，不只要使用打火機法來測量安全風門，也要同時掌握風門或風機最大功率下的風壓狀態，才能對能量的搭配有所判斷。

以 Boxer T300 電熱型機為例，這台機器的風扇轉速雖然不可調，但是廠商在設計上已經配備了功率適當的風機，使得風壓已經處於安全風門的範圍內。

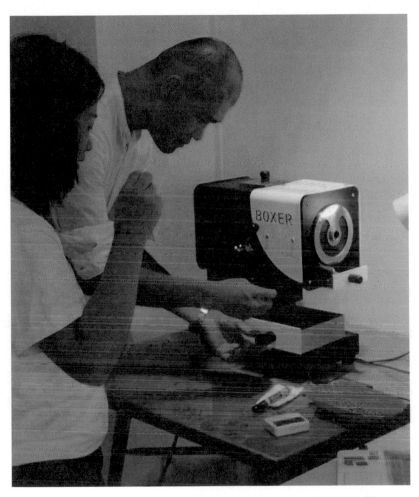

圖 3-26 可用三通閘口進行氣流調整的 Boxer T300 電熱型烘焙機

　　而我早年所使用的 Huky500 烘焙機所搭配的風扇就過於強勁，即使使用遠紅外線爐全火力烘焙也總是不甚理想，因此在操作上勢必要調小風門往安全風門的區間修正。

風門風壓與氣流路徑的關聯

　　在使用打火機法掌握風門／風壓的區間之後，就可以針對**熱源的加熱效能**以及**空氣流入機器的路徑管理**來設定風門／風壓，以電熱機、直火機為例，需要讓空氣有足夠的時間被熱源加熱，進而加熱金屬以及進入鍋爐後加熱豆子。所以適合採用較為保守的風門／風壓設定，也就是安全風門的下限區域。而半熱風的機器以及熱源效能較佳的烘焙機可以搭配稍大一點的風門／風壓設定，可以設定在安全風門上限（約打火機火焰呈 60 度角的狀態），但是仍然要注意外部空氣流經熱源後，接著進入滾筒的路徑是否規劃妥當。若烘焙機的氣流路徑設計過於開放，氣流流入孔洞過多過大，並且搭配強勁的負壓抽風時，會使得流入烘焙機的氣流過於紊亂，部分氣流並未適當加熱就流入滾筒，進而對鍋爐內的能量狀態造成影響。

　　有些氣流路徑設計良好以及熱源效能強勁的機器，如 Kapok、Giesen 以及 Probat P 系列等，在確保打火機火焰燃燒的情況下，甚至可以採取火焰呈 90 度角的風壓設定也游刃有餘。

　　而純熱風式的烘焙機如 IMF 則是依照指定的進風溫度將後燃機的熱空氣拌入冷空氣後直接吹入滾筒，所以在風壓設定上可以有較大的空間。

鍋爐轉速的設定

　　以一般半熱風烘焙機來說，鍋爐轉速的快慢不只影響熱空氣對鍋爐壁的加熱，進而影響流入鍋爐內的空氣能量。轉速越慢時，鍋爐壁受空氣的影響程度就越大，如此一來就回到先前風壓與火力設定的問題，取決於空氣是否有被熱源充足加熱，以及熱源效能強勁與否。

　　接下來就鍋爐內的狀態來說，轉速較低的情況下，鍋爐壁的金屬對豆子以及豆子彼此間的接觸熱效應也比較高（如圖 3-27：Y 軸下方 1/3 處），就風味上來說，這樣的設定比較容易呈現出烘焙風味（焦糖化與梅納反應所帶來的風味）。

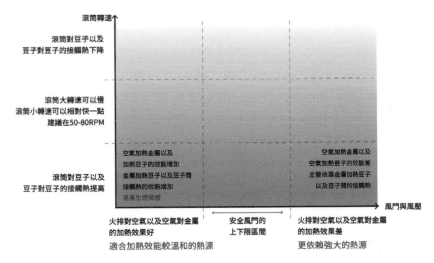

圖 3-27　從 Y 軸滾筒轉速的角度來看鍋爐內的能量狀況

　　反之鍋爐轉速越快的話，鍋爐壁的金屬沒有足夠的時間被空氣加熱。如同廚師炒菜反覆顛鍋一般，金屬對豆子以及豆子彼此間的接觸熱效應也降低。此時更多的是**依靠空氣對豆子的加熱**（如圖3-27：Y 軸上方 1/3 處）。所以滾筒轉速的快慢，會直接影響空氣以及鍋爐壁對咖啡豆的加熱比例。

　　再者，滾筒轉速的設定一般來說會依照滾筒直徑大小來調整，滾筒直徑越大的情況下，咖啡豆在空中拋灑的時間與路徑也較長，所以可以搭配較低的轉速。反之滾筒直徑較小的小型烘焙機，則可以設定為較高的轉速，也因此小型機器所搭配的轉速通常也稍微高一點。就筆者實務經驗上來說，習慣將滾筒轉速設定在 50 至 80RPM 之間，而葉片設計精良的烘焙機種甚至可以將轉速設定在 90RPM 也能有均勻穩定的烘焙表現。

　　尤其要留意的是，即使豆溫探針的溫度相同，但是金屬滾筒在不同的滾筒轉速下的受熱狀況是不同的，因此豆溫探針所捕捉到的能量來源也不同。當滾筒轉速進行調整後，仍然要注意 T0、T1 以及果糖焦糖化、葡萄糖焦糖化以及 T2 蔗糖焦糖化所對應的溫度點與時間，並且做出相應的火力調整。

▌不同的轉速與風壓搭配下的影響

低轉速低風壓，易造成初始能量的累積

從（圖 3-28）九宮格內的左下角區塊「低轉速低風壓」的情況來說，低風壓有助於鍋爐內能量的累積，搭配低轉速可以有效的讓熱源加熱空氣，空氣進而加熱金屬與豆子，所以適合較為溫和的熱源以及能量供應，例如電熱型烘焙機。但是由於能量容易累積，所以當烘焙接近 T2 時應該適當調整能量供應，避免產生焦味以及煙感。

在轉速風門等可調整的情況下，可以適當增加風門／風壓以及調高轉速因應，往九宮格中心調整。

一爆前開風，吹走煙味？

實務教學上，筆者常常會遇到學生問及「一爆前是否需要開風門吹走煙味」的問題？其實煙味的產生，主要關鍵在於當豆表升溫到葡萄糖焦糖化之後，鍋爐內能量過多所造成的結果。與其說開大風門能把煙味吹走，倒不如說是開大風門能將鍋爐內多餘的能量卸除，避免纖維素提早分解而使得風味上產生煙感。

從九宮格的角度來分析，針對這樣的問題我們可以有兩種方式來進行操作。一種是選擇在 T2 蔗糖焦糖化之前逐步降低能量供應，當然也可以在 T1 時將風門稍微加大，以避免能量快速累積。所以烘焙師應該先掌握機器的風壓、轉速以及熱源效能等操作空間，接

下來再依照咖啡豆在烘焙過程中的狀態給予適當的能量供應，而不是從手法去解讀烘焙結果，更不應該將烘焙手法照搬。

滾筒轉速與風門的搭配與影響

滾筒轉速↑

豆子大多拋撒在空中，
與金屬的接觸少
加熱豆子主要來自於空氣

空氣加熱金屬以及
空氣加熱豆子的效能
金屬與豆子間的接觸熱較差
易夾生

滾筒對豆子以及
豆子對豆子的接觸熱下降

滾筒大轉速可以慢
滾筒小轉速可以相對快一點
建議在50-80RPM

空氣加熱金屬以及
加熱豆子的效能增加
金屬加熱豆子以及豆子間
接觸熱的效能增加
易產生煙燥感

空氣加熱金屬以及
空氣加熱豆子的效能差
主要依靠金屬加熱豆子
以及豆子間的接觸熱

滾筒對豆子以及
豆子對豆子的接觸熱提高

風門與風壓→

火排對空氣以及空氣對金屬
的加熱效果好

適合加熱效能較溫和的熱源

安全風門的
上下限區間

火排對空氣以及空氣對金屬
的加熱效果差

更依賴強大的熱源

圖 3-28 不同轉速與風壓搭配下的鍋爐內能量狀態

高轉速大風壓，初始能量累積不易

　　而相對來說，大風門高轉速的狀況就完全相反。如（圖 3-28）九宮格的右上角區塊，一般半熱風的機型進行大風壓的設定，會導致氣流快速經過熱源，以至於氣流沒有足夠的時間被熱源加熱，因此必須依賴更強大的熱源。否則未經足夠加熱的空氣在進入鍋爐後，不只無法加熱豆子，最終也容易產生烘焙度過淺，如同半生不熟一般的結果。這樣的情況尤其在強勁的風壓設定下更為明顯，所

以可以使用打火機測量安全風門的區間，接下來再調整風門／風壓往九宮格中上區塊移動。

因此大風門／風壓搭配高轉速的設定，適合熱源效能強勁以及氣流路徑設計良好的烘焙機種。

同理，當我們遇到一台陌生機器時，首先要判斷熱源的加熱效能，以及氣流路徑的設計。通常燃氣型的烘焙機加熱效能較佳，電熱型烘焙機雖然加熱效能較和緩遲滯，但是也有例外。以 IOC 烘焙機為例，由於其玻璃滾筒外層的特殊金屬鍍膜設計，使得玻璃壁的接觸熱加熱效果強大。而吸入鍋爐壁的空氣則是未經加熱的冷空氣。因此風門／風壓越大，對於鍋爐內的能量狀態來說則是卸能，在操作上就必須要調整滾筒轉速（接觸熱）以及風壓來因應。

在了解了熱源加熱效能之後，接下來就依照機器的操作空間（轉速、風門風壓）來設定變因。如果轉速與風門均可調整（例如 IMF、Giesen、JYR、邵家、楊家、Woots、HB、三豆客等），就可以將風門／風壓依照喜好的風味跨度來調整，接著設定鍋爐轉速。

如果鍋爐轉速不可調整，而風門、火力可調（如 Diedrich、富士等），則可以在測量好鍋爐轉速後，判斷氣流路徑的設計，接著再搭配適當的風門／風壓讓整體設定往九宮格的中心區域靠近。

然而 Beanbon 這種浮風式的烘焙機雖然沒有鍋爐轉速的設定，但是隨著風力的增強，豆體攪拌拋甩也越高，這樣的情況則可把風力與轉速視為同等增強的線性關係，搭配的火力當然就要越大，反之搭配的火力則越小。

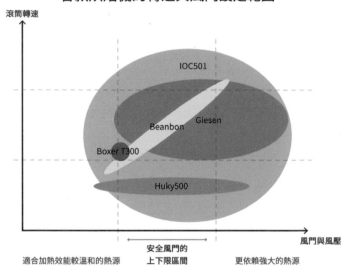

圖 3-29 烘焙機的操作空間與有效操作空間示意

▌ 烘焙初期高初始能量的影響與應對

先前我們討論過烘焙過程的四個階段，分別是由玻璃態進入到橡膠態，接著到達蔗糖焦糖化時，豆表再度進入到玻璃態的過程。其中烘焙初期的第一階段裡，咖啡豆處於玻璃態的物理狀態，豆子內的水分並不活躍，導熱效果也差。

直到豆表受熱後到達玻璃轉化溫度 Tg 時，豆子表面的水分開始活躍，讓表面呈現軟化的現象（在教學上我們稱之為 T0），豆體的水分才會從豆表開始逐漸向內活躍，並且將豆表接受到的能量

逐漸向豆內傳導。直到豆內也升溫到玻璃轉化溫度時，水分完全活躍讓豆體軟化到達 T1 階段，由此刻起豆子才完全進入第二階段橡膠態。

　　因此，在烘焙過程第一階段裡給予豆子溫和的能量供應尤為重要，其次則是在第二階段給予充足的能量供應。在前幾個章節裡我們討論回溫點、風壓設定以及滾筒轉速與風壓的搭配，其中回溫點過高即意味鍋爐內的能量充足。相反地，回溫過低則代表鍋爐內的蓄熱不足。而轉速高低則影響鍋爐內咖啡豆的拋灑以及咖啡豆與鍋爐壁的接觸。

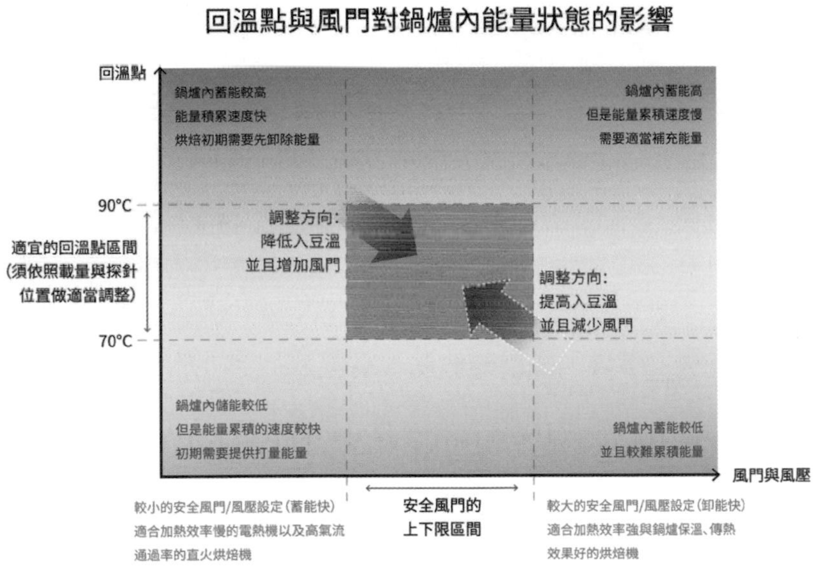

回溫點與風門對鍋爐內能量狀態的影響

回溫點

鍋爐內蓄能較高
能量積累速度快
烘焙初期需要先卸除能量

鍋爐內蓄能高
但是能量累積速度慢
需要適當補充能量

90°C

調整方向：
降低入豆溫
並且增加風門

適宜的回溫點區間
（須依照載量與探針
位置做適當調整）

調整方向：
提高入豆溫
並且減少風門

70°C

鍋爐內儲能較低
但是能量累積的速度較快
初期需要提供打量能量

鍋爐內蓄能較低
並且較難累積能量

風門與風壓

較小的安全風門/風壓設定（蓄能快）
適合加熱效率慢的電熱機以及高氣流
通過率的直火烘焙機

安全風門的
上下限區間

較大的安全風門/風壓設定（卸能快）
適合加熱效率強與鍋爐保溫、傳熱
效果好的烘焙機

圖 3-30　九宮格左上角高初始能量狀態

如（圖 3-30）中左上角區域裡回溫點過高的情況下，如果搭配小風門與大火力，會讓鍋爐內原本蓄熱充足的狀況下，快速累積能量，如此一來在烘焙過程的初期即有著較高的初始能量。

對於咖啡豆來說，大量的能量會加熱豆子表面，使得豆表快速到達軟化的 T0 階段。而能量從豆表傳遞到豆內仍然需要時間，如果此時鍋爐內的蓄能充足並且搭配大火力以及較低的滾筒轉速的話，會讓豆表快速加熱升溫。

從曲線上來看，如此回溫點後的升溫速率會非常高，並且豆子表面會快速的加熱到果糖焦糖化、葡萄糖焦糖化等階段。但是能量從豆表傳遞到豆內仍然需要時間，這也就意味著整顆豆子軟化進入到橡膠態 T1 的時間點／溫度點會延後許多。而 T1 到 T2 蔗糖焦糖化之間的時間卻相對較短（如圖 3-31 所示）。

如此一來，大量的熱能加熱豆表後，會使得豆表的水分散失形成導熱的屏障，內部的烘焙進度減緩。如同先前 T2 到一爆的章節裡所討論到的，T2 前後鍋爐內能量過多，則會使得大量能量加熱豆表，而豆內三明治中間與下層的軟胚乳層、硬胚乳層烘焙度卻尚未到達蔗糖焦糖化階段，纖維的收縮程度與質地與外側硬胚乳層差距甚遠。如果不及早採取措施卸除能量（開風門或降火），對於蔗糖含量較多的高海拔豆來說，過多的能量也會加速豆表焦糖化，進而產生渾厚的苦甜巧克力香氣與苦味，甚至使得豆子表面的纖維素、木質素提早分解，產生苯酚類的木質感煙味、焦味以及粗糙的觸感，與此同時咖啡豆內卻還在較淺的烘焙度。

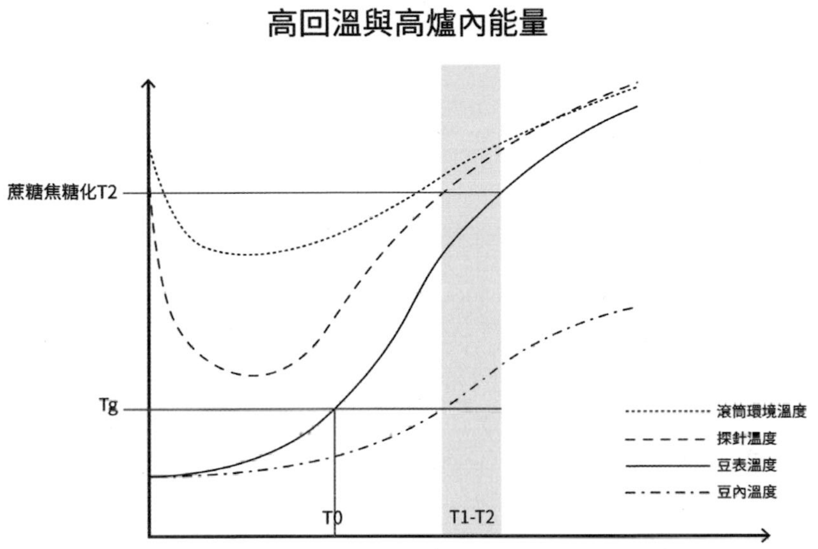

圖 3-31 高回溫點與高爐內能量將使得 T0 較早到來，而 T1 到 T2 時間縮短

具體從感官上來說，會出現麥子、草味與渾厚的巧克力、木質感、煙味、焦味同時並存的狀況，味覺上甜度低並且帶有焦苦味。

這樣的情況往往使得一爆後發展的時間不長（甚至低於一分鐘），卻有上述的感官表現。不僅 RD 值大，豆體膨脹狀況不均勻且不利於萃取。

許多烘焙師在遇到這樣的情況時，往往採用開大風門以及降火滑行的方式，降低一爆後的爬溫幅度，盡量拉長發展的時間來改善 RD 值過大的問題。並且可以看見回溫點後陡峭的升溫曲線裡，並且在葡萄糖焦糖化時降火開風門，來避免 T2 時過多能量加熱豆表產生的負面風味，以及 ROR 爆升（如圖 3-32）。而這種依靠延長出

鍋時間以及緩慢升溫的做法，其實也只是治標而不是治本。

　　尤其遇到豆體目數大或是密度高、含水率低的帕卡瑪拉、肯亞等豆子時更常發生，而過於新鮮的新產季生豆也常常出現這樣的狀況。根本的解決方式就是降低入豆溫，並且提供溫和的能量給豆子，讓豆子從 T0 開始進入到橡膠態 T1 狀態。

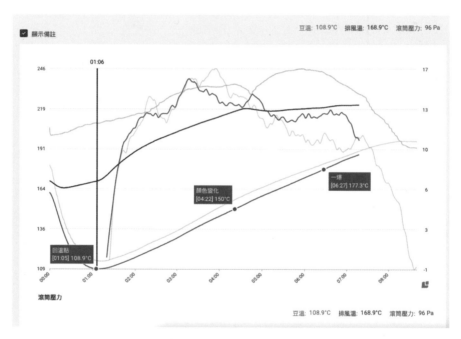

圖 3-32 過高的回溫點以及能量供應下，呈現出風溫快速上升趨勢與 ROR

　　除了高回溫點搭配小風門大火力之外，較高的回溫點搭配較低的滾筒轉速也是如此，回溫點高意味著鍋爐內的蓄熱強，這些蓄熱的背後也是代表金屬溫度較高。低轉速則讓金屬鍋爐壁與豆子之間有了更多的接觸熱。

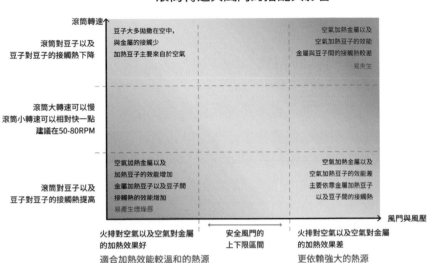

圖 3-33 九宮格左下角低初始能量狀態

　　從能量供應的角度來看「大風門入豆」以及「關火入豆」等烘焙手法，就很容易理解背後的意義。烘焙初期使用較大的風門可以卸除上一爐積攢的能量，而關火入豆則是依靠鍋爐內既有的能量加熱豆子。萬法歸一，只要能夠提供溫和的能量，讓豆子加熱到 T0/T1 即可。

　　接下來當豆子進入到 T1 橡膠態時，豆內的水分活躍並且大量吸收鍋爐內能量時，再採取調小風門積攢能量，或者是小風門大火力、加大能量供應等操作，從能量的角度來看都是適時的給予能量供應。

由此也不難理解 Giesen 與 Probat 這種搭配強勁負壓以及強大熱源供應的設計理念。

▌ 烘焙初期低初始能量的影響與應對

在先前討論「回溫點與風壓對鍋爐內能量產生的影響」時，我們談到較低的回溫點即意味著鍋爐內的蓄能狀況較低，這樣的狀況通常出現在大風門／風壓搭配較低的初始火力以及較低的入豆溫等情況下。而這樣的初始能量狀態雖然會延長到達 T0/T1 的時間，但是卻也不失為「給予豆子較為溫和的能量」的一種做法，如（圖 3-28）九宮格中右下角的狀態。

鍋爐內能量狀態的應對手法

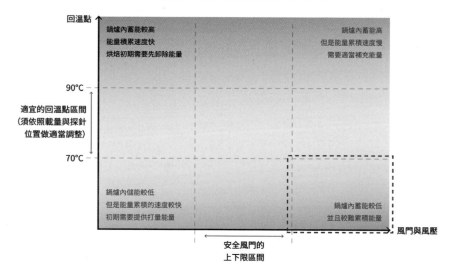

圖 3-34 低回溫點搭配大風壓的操作

而操作的關鍵就在於當「豆子到達 T1 且內部的水分開始活躍時，是否能給予足夠的能量，一方面將能量傳導到豆內，同時將水分去除」。如果不能，又會產生什麼樣的結果呢？

綠原酸水解

　　讓我們隨著豆子的溫度上升來討論這件事情。首先會面臨的是綠原酸的分解，綠原酸在高於 60 度的情況下會逐步受熱分解，並且脫水生成綠原酸內酯等物質（並且減少加水分解的機會），所以需要足夠的能量來去除這些額外的水分。如果此時無法及時去除水分的話，則會使綠原酸水解產生奎寧酸與咖啡酸，進而在深烘焙時聚合生成乙烯兒茶酚這種具有強烈苦澀感、卡喉感的物質。而咖啡酸在咖啡生豆中含量並不高，多數會在烘焙的第二階段 T1-T2 期間隨時間拉長而產生。

　　筆者在檢測深烘焙咖啡的時候，會特別留意咖啡豆的膨脹程度以及甘甜感與苦味的對比。如果咖啡豆相對偏硬，同時甘甜感弱及苦味揮之不去且明顯、厚重，則有可能是在 T1-T2 階段處理不當所造成。這樣的情況在水活性、含水率適當，並且綠原酸含量較低的高海拔精緻處理咖啡豆上發生機率較低。因此生豆的選擇是正確烘焙的第一步。

蔗糖水解

　　再者，大量活躍的水分也可能促使咖啡豆內的蔗糖水解產生葡萄糖與果糖。蔗糖的減少也意味著接下來 T2 後的焦糖化程度受到

影響，進而影響咖啡豆的膨脹度與呋喃類甜香的產生。另外，當豆子內外逐步升溫高於 100 度時，梅納反應也會開始加速進行，先前蔗糖加水分解產生的葡萄糖與果糖也可能開始參與梅納反應。

酯類物質水解

在這樣水分活躍卻無法去除的情況下，也可能使後製處理帶來的酯類香氣物質分解，讓自然乾燥處理的豆子失去濃郁的菠蘿、藍莓等熱帶水果香氣。

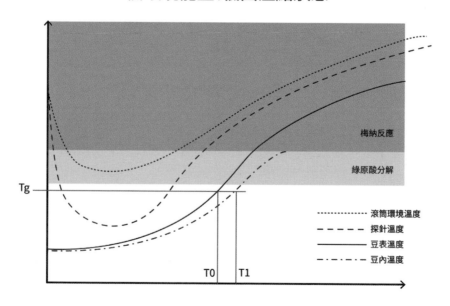

圖 3-45 低爐內能量與低回溫點的升溫狀況與影響

初始能量低（低入豆溫、低初始火力）且咖啡豆進入 T1 時能量供應不足的情況，在烘焙曲線上我們可以發現如（圖 3-45）狀況：

1. 不只回溫點低，並且回溫後的 ROR 升溫速率也偏低。
2. T0/T1 的時間也來得較晚。
3. T1 後爬溫到葡萄糖焦糖化的用時較長，火力供應上力有未逮。
4. 一爆聲延後，相較於正常操作下一爆聲來得更晚，並且爆裂聲稀稀落落不密集。

低初始能量且 T1 後能量不足的情形，在感官上的表現

由於酵素類的精油香氣大多溶於油、微溶於水，所以需要蔗糖焦糖化所產生的脂肪酸蔗糖酯作為界面活性劑。焦糖化程度不足也將使得精油類的香氣溶解率下降，在淺中焙以下容易產生出「聞得到卻喝不到」的狀況。

由於 T1-T2 的時間過長導致蔗糖加水分解成葡萄糖與果糖。間接地促使咖啡甜味較弱，並且焦糖化的呋喃類帶甜感的香氣較少，尾韻較短。

應對手法與改善方法

當我們發現回溫點偏低時，即可調小風門減少空氣流量，並且加大火力來積攢爐內能量。如果每次烘焙的第一鍋都有回溫點過低的情形時，可以適當延長熱機時間以及調小風門、降低滾筒轉速應對。

▌關於梅納期與脫水期

過去學習烘焙的歷程中，我們很注重梅納反應與梅納期，甚至有著拉長脫水期，利用更多的時間來將水分脫去的想法。但是在精品咖啡的烘焙上，筆者總是建議盡量少進行梅納反應，並且當進入 T1 狀態咖啡豆體內水分活躍時必須給足能量，而不是拉長脫水期，這是為何？

先前的章節裡我們討論過梅納反應的生成物，如吡嗪、吡啶、略等物質，這些大多帶有煙、焦、烤、鹹、鮮等感受，隨著烘焙度的加深，最終生成具有厚實粗糙感以及苦味的物質 —— 梅納丁。在過去我們步入精品咖啡的領域前，我們追求的是一杯香醇濃郁的咖啡，再適當的加點奶精、方糖享受咖啡時光。

在那樣的環境背景下，從種子到杯子的整個產業上下游都在追求這樣的「咖啡味」，渾厚的甘苦味伴隨著煙焦感是咖啡的形容詞，追求的當然是梅納反應的風味。

試想，當時在咖啡產地的採收、處理、運輸、儲存以及烘焙等過程，又是如何？

如今，咖啡市場更加蓬勃發展，過去的「渾厚咖啡味」以及精品咖啡的鳥語花香在市場上各有各的信徒，讓整個產業更是多元化的發展。產業鏈的上游在種植、採摘、處理上也有長足的進步，咖啡豆的品質也大幅提高了，與過去的品質相比已是不可同日而語。

常常有人問我，怎麼樣才算是恰到好處的烘焙？其實這個問題是沒有標準答案的。每個人要的不同，每個市場需求也不同。小眾的精品咖啡以及大眾化的牛奶咖啡、即溶（速溶）咖啡都有人喜愛，但是喜好方向截然不同，從這個角度來看，針對風味目標設定來選用適當的食材（咖啡豆）進行烘焙，能指哪打哪、游刃有餘的應付各種需求才是烘焙師該做的。

參考文獻

段宇豪、劉悅旻（2015）。弱酸催化蔗糖水解反應的動力學研究。內江科技，2005(7)，115-115，59。

周華鋒、侯純明、張麗清、姚淑華、王雅靜（2005）。蔗糖水解反應動力學研究。遼寧化工，34(5)，200-202。

浮風式烘焙機 ADM Mini

Chapter 04

風味陣列與烘焙調整

▌風味陣列中的味覺感受與烘焙度之關係

隨著一爆開始後的持續發展，鍋爐內的咖啡豆也逐漸經歷一爆密集、一爆結束，接著再進入到二次爆裂的階段。在這個過程裡，高海拔精緻處理的咖啡豆在味覺感受上會受到溫度與時間、壓力的影響，產生不同強度的感受變化。

蔗糖焦糖化對酸質酸味的影響

一爆後直至二爆前咖啡的酸質與酸度有了明顯的變化，從烘焙師的角度來說，特別需要注重這兩者的差異與變化，尤其是酸質，酸質指的是酸的品質、質感。從微觀來看，由於咖啡豆到達一爆後豆體膨脹撐開，結構也呈現如海綿般的鬆散多孔結構，所以使得鍋爐內的能量更容易進入到咖啡豆內，進而讓豆內的烘焙度逐漸加深。

而當大部分的豆子都到達一爆狀態時，即為一爆密集。從整體看來，一爆密集的時候代表酸質的蘋果酸、檸檬酸失去豆體結構的保護，即面臨高溫環境而逐漸分解，使得濃度快速下降，在一爆結束後快速分解殆盡（圖 4-1）。

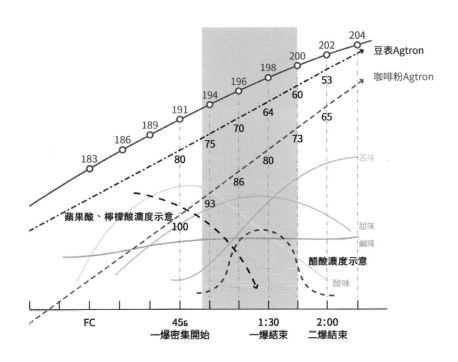

圖 4-1　一爆前後蘋果酸、檸檬酸與醋酸等酸質的變化

　　而另一方面，為咖啡帶來甜味的蔗糖在相同的環境下加速熱解，使得甜味逐漸下降，而苦味上升，產生此消彼長的濃度變化趨勢。而隨著蔗糖焦糖化的進行，醋酸濃度也逐漸增加，並且在二爆前後受到高溫的影響而揮發、分解（圖 4-2）。因此，在酸味與甜味上不只要分別感受代表強度的「量」，更要分析代表品質的「質」，質與量的分析會是判斷出鍋點以及修正方向的關鍵。

　　所以就濃度的角度來看，一爆後酸質與蔗糖帶來的甜味逐漸下降，苦味隨著一爆後的發展而增加。

　　所以我們可以從**酸質是否明亮（蘋果酸、檸檬酸）與低沉（醋酸）**來判斷出鍋的發展時間。

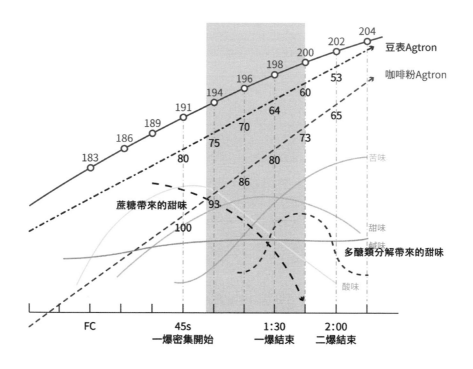

圖 4-2 一爆前後甜味的變化

　　從焦糖化香氣、甜味與苦味的強度對比來判斷焦糖化的程度，焦糖化程度越是完整，則咖啡豆與粉的烘焙度差距（RD 值）則越小，這點可以從咖啡豆表與粉值的烘焙度線性得到印證。當苦味明顯大於甜味，並且出現煙味、焦味時，則代表進入到乾餾作用的階段。

因此，苦味的強度則可以推斷出豆表焦糖化與出鍋溫度。

味覺感受強度的變化趨勢

味覺強度同時受到膨脹度與濃度的影響。
酸味：蘋果酸、檸檬酸與醋酸的強度變化。
甜味：蔗糖含量與纖維素、木質素的分解。

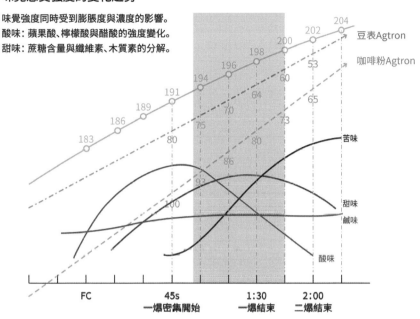

圖 4-3 一爆前後味覺感受的強度變化趨勢

膨脹度對萃取效率、味覺感受的影響

　　而一爆密集之前豆體的膨脹度較低，也因此影響了味覺物質的萃取效率，導致味覺感受強度較弱。所以過去討論出鍋時機點的章節裡，才強調「必須在一爆密集開始之後，再依照豆表顏色（烘焙度）決定出鍋時機」。這裡面其實有著對膨脹度、萃取效率的考量，再者原生風味裡迷人的柑橘、檸檬等香氣多為脂溶性的精油，在膨

脹度較低的情況下不只精油物質的萃取、溶解效率受影響,在香氣物質濃度較低的情況下,對嗅覺感受也會有著截然不同的影響。

在前面討論烘焙度線性的章節裡曾經提到過,使用高海拔且精緻處理的水洗咖啡豆在一爆密集、一爆結束、二爆初、二爆密集時分別出鍋,測量咖啡烘焙度的變化,並且依照風味陣列的記錄方式,分別記錄嗅覺、味覺所捕捉到的感受強度、屬性,進而掌握自己在各個烘焙出鍋點的味覺、嗅覺感受變化。

各烘焙節點所測得的烘焙度

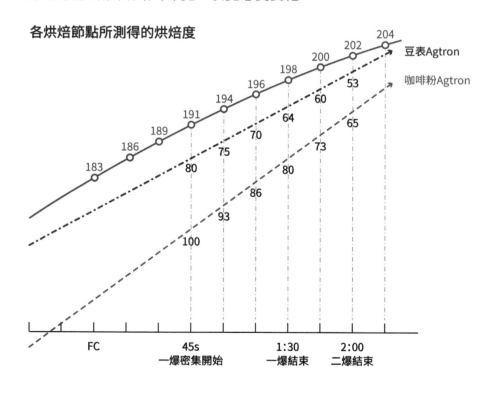

圖 4-4 藉由各個節點的烘焙度測量來掌握烘焙度的線性關係 1

192

一爆後的升溫速度ROR與
烘焙線性、風味的關聯

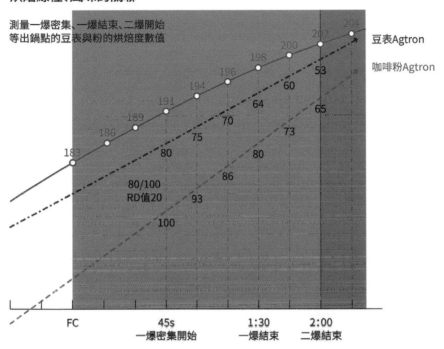

測量一爆密集、一爆結束、二爆開始
等出鍋點的豆表與粉的烘焙度數值

圖 4-5　藉由各個節點的烘焙度測量來掌握烘焙度的線性關係 2

描繪咖啡風味的鐘型曲線

　　在掌握了豆表與咖啡粉的烘焙度數值與線性之後，我們可以用
「鐘型曲線」的概念來描繪咖啡風味的輪廓。在通常情況下咖啡豆表
的烘焙度可視為咖啡豆的最深處，而咖啡粉的烘焙度則可視為平均
值，接著以粉值加上豆表與粉值的差距（RD 值）即可推估出咖啡豆

烘焙度最淺處。因此在咖啡豆、咖啡粉的烘焙度線性之外，推估出一條最淺烘焙度的線性，進而描繪出各個烘焙度的鐘型曲線。

　　雖然烘焙度的測量受到豆子的均勻度、處理法、測量手法、研磨方式、LED 光源、攝影等主客觀的條件影響，本身即為烘焙方向的調整參考而已。以咖啡豆最深的烘焙度（豆表）與推估出的最淺處來模擬出「咖啡風味的跨度」（鐘型曲線的寬度），而作為烘焙度平均值的「粉值」，即可視為烘焙度集中的峰值（鐘型曲線的高度）。

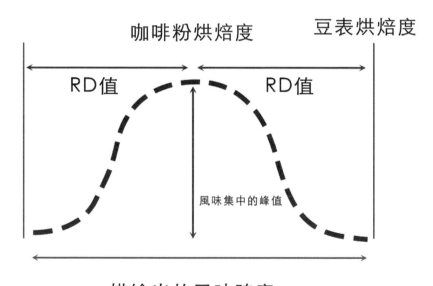

圖 4-6 藉由烘焙度測量描繪出風味的鐘型曲線

由於香氣物質的來源不同，主要分為原生風味、處理法風味與烘焙風味三大類。其中咖啡豆自然生長下基於海拔、土壤、氣候、品種等帶來原生風味以及後製處理法的風味會隨著烘焙度的增加而失去，依照個人經驗來歸類，這些原生風味與處理法風味在艾格壯烘焙度 80 以上都能夠感受到，但是會隨著濃度的不同使得在氣味的感受上有著明顯的差異，當濃度低時，可能像是帶有甜感的草本、甘蔗，濃度高時出現柑橘、柚子等香氣。

　　而烘焙過程隨之增加的化學反應，其所帶來的風味會隨之增加並且不斷演變，從烘焙度 120 開始出現褐化反應初期的麥芽、玄米、穀物等氣味，到了烘焙度 80 至 60 區間則褐化反應帶來的風味變得更加明顯，如同風味輪的褐化群組當中的堅果類、焦糖類、巧克力類的香氣。並且隨著烘焙度的加深，當烘焙度低於 60 以下時，即進入到乾餾群組的風味表現（如圖 4-7 的不同顏色區塊）。

　　以我個人的烘焙節奏為例，在一爆密集開始時的烘焙度約為 80/100，此時所感受到的多為酵素類與處理法所帶來的醇類、酯類、醛與酮類等香氣，以及褐化反應初期的麥芽、穀物、玄米等香氣（如圖 4-7）。氣味上雖然輕盈上揚，但是不集中並且識別度低，比較適合凸顯處理法風味，以鐘型曲線來描繪的話，則是一個跨度寬廣但是高度低的樣貌。在風味陣列的味覺感受上呈現酸 4 甜 2 苦 0 鹹 1 的強度表現。

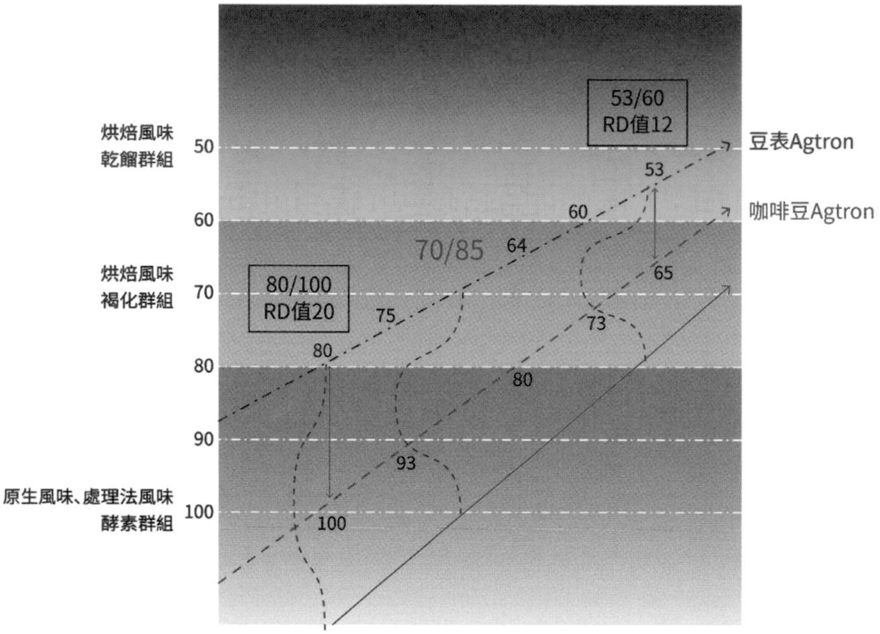

圖 4-7 各烘焙區間的風味表現

　　而烘焙至二爆初期出鍋的烘焙度 53/65，則多以烘焙風味中的褐化群組風味為主，並且略帶一點乾餾群組的煙味、焦烤味。而咖啡豆細胞壁內的木質素、纖維素受熱分解後生成阿拉伯半乳糖以及癒創木酚等物質，前者給咖啡增添甜味，並在苦味的搭配下呈現出苦中帶甘的味覺感受，後者帶來煙感與粗糙感。由鐘型曲線來描繪則是一種寬度略為集中，而代表粉值的氣味峰值也具有一定強度的情況，在味覺上呈現出酸 0 甜 2 苦 5 鹹 1 的感受。

風味陣列

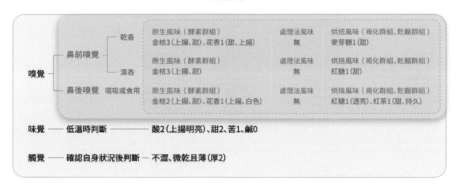

圖 4-8　風味陣列中的強度與屬性紀錄

　　以筆者在烘焙生豆樣品以及首次操作烘焙機時，習慣以豆表烘焙度數值 70+/-2 以及粉值烘焙到 85 至 88 為目標，如今搭配風味陣列以及鐘型曲線的概念來看，就不難理解其中的道理。就味覺感受來看，既保留一定程度的明亮酸質，也有一定程度的膨脹度讓味覺物質容易萃取出來，讓味覺上呈現酸 2 甜 3 苦 2 鹹 1 的感受。在嗅覺感受上有一定程度的蔗糖焦糖化讓風味物質可以釋放，也有利於萃取。由鐘型曲線看來，即跨越到烘焙風味的褐化反應區塊，並且占有一定的面積比例。香氣的峰值集中在原生風味與處理法風味的烘焙度區間，也降低了烘焙度過淺所呈現的麥芽、穀物氣味。

　　在這樣的樣品烘焙度下進行測評，在乾濕香的環節即可快速掌握咖啡生豆的品質。

　　在生產後的品控實務上，咖啡豆研磨後乾香氣的種類、屬性、強度可以作為判斷粉值落點的依據。而注水後與破渣後的濕香氣則

反映出焦糖化的程度，如果乾香氣有著奔放的鳥語花香，濕香氣的部分除了鳥語花香之外，也有呋喃類帶甜感的紅糖、水果糖、焦糖、甜奶油等香氣，那麼烘焙上基本就沒有太大問題，這些風味在啜吸品嚐時應該也喝得到，剩下的就只需要視情況微調即可。

最後，由此概念來推估本次風味陣列裡的案例，出鍋點應該是一爆密集開始至一爆後 1 分 15 秒之間出鍋（如圖 4-9）。由於焦糖化香氣較弱並且酸質明亮，所以可以延後出鍋，改善整體風味感受。

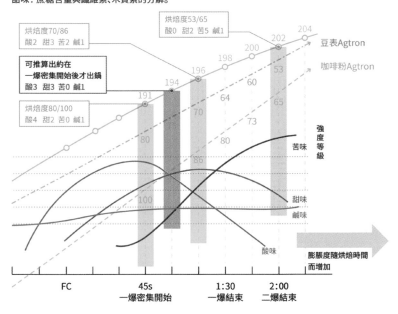

圖 4-9 由風味陣列的感受來判斷出鍋點

▌關於觸感：澀感、乾與粗糙感

在討論觸感之前首先要有個認知，那就是**咖啡一定有澀感，只是程度不同而已**。有了這樣的認知為前提，以及確定品嚐者自己的感官狀況之後，再來討論澀感才會有較為客觀的結果。

由於澀感是一種口腔（包含舌面）的收縮、起皺感。所以當品嚐者本身有著睡眠不足、內分泌失調等狀況時，或者受到藥物影響中樞神經、喝酒或是飲食造成口腔脫水乾燥等都會產生澀感。

所以品嚐咖啡之前首先要確認自己的口腔是否乾澀，如果是乾澀的狀態下去品測咖啡，那麼對澀感的感受就會明顯加重。

另外還需要注意的是口腔內是否濕潤，唾液是否黏稠，由於濕潤與黏稠的唾液都可以對口腔、舌面形成良好的保護，對澀感的判斷也不會造成誤判，所以品測前適當的進食、咀嚼都是有助於保持口腔狀態的。

值得注意的是，當發現口腔有澀感的情況下，只依靠飲水是無法獲得改善的，所以當品嚐帶有澀感的咖啡後，應該充分的休息以及咀嚼食物，進而誘發唾液分泌，大量飲水並不會有助於口腔狀況的恢復。接下來就是分析澀感與粗糙感的形成物質與原因。

烘焙階段 形成澀感、粗燥感的物質	烘焙過程第一二階段 自烘焙開始到T2	烘焙過程第三四階段 自T2到烘焙結束
綠原酸、奎寧酸	烘焙節奏過快與過慢，都有可能讓咖啡豆內部的綠原酸進行加水分解，並生成咖啡酸。應注意豆內升溫狀況。 綠原酸 → 奎寧酸＋咖啡酸	風壓過大或能量不足都有可能造成綠原酸、奎寧酸熱解不完全。綠原酸應熱解為綠原酸內酯，奎寧酸應熱解為奎寧酸內酯。
細胞壁內的木質素、纖維素	第一、二階段升溫過快即意味著爐內能量過高，進而在T2前後提早分解纖維素、木質素。特別注意處理過程裡，發酵程度較重的咖啡豆。	隨著出鍋溫度越高，細胞壁亦逐漸分解。通常自一爆完全結束開始。
咖啡因	不變	少部分隨出鍋溫度以及時間而分解

圖 4-10 澀感的來源與原因

　　咖啡豆內會形成澀感、粗糙感的來源物質包含綠原酸、奎寧酸、咖啡因、木質素纖維素等。其中綠原酸、奎寧酸、咖啡因這三者為植物對抗蟲害的防衛機制，所以隨著海拔上升而減少，相反地，海拔越低則濃度增加。

　　而木質素纖維素則是屬於多醣類，也是組成植物細胞壁的主要物質，尤其在低海拔的環境下伴隨著光合作用與呼吸作用而增生，並且結構較為鬆散。如此較為鬆散的結構在烘焙過程中容易受熱而分解，進而產生具有粗糙感、煙焦味的癒創木酚等物質。所以綠原酸、奎寧酸、咖啡因、木質素纖維素所形成的澀感、粗糙感在低海拔咖啡豆裡較為明顯。

　　相反地，高海拔豆由於生長較為緩慢緊實，所以細胞壁內的纖維素木質素受熱分解不如低海拔豆來得容易。要特別注意的是，如

先前章節所提到的，進行有氧發酵過程處理並且發酵程度較重的豆子，由於微生物在發酵過程中會逐漸分解咖啡豆內的多醣類，進而使得結構鬆散的細胞壁在接下來的烘焙過程中，特別容易因為細胞壁分解而產生煙味、焦味與粗糙感。

烘焙過程對綠原酸與奎寧酸的影響與咖啡酸的生成

1. 入豆到 T2 的時間過快與過慢都有可能使得豆內的綠原酸與奎寧酸在水分活躍的環境下進行加水分解，進而生成咖啡酸。並且不完全熱解的綠原酸、奎寧酸將在淺烘焙的情況下帶來澀感。這樣的澀感通常伴隨著較低的甜味和較弱的焦糖化甜香，以及草藥般的苦澀。

2. 咖啡酸在咖啡生豆中幾乎不存在，隨著綠原酸的水解，咖啡酸逐漸增加，將在二爆時烘焙度加深的情況下，咖啡酸便會脫羧（去 CO_2）反應成為乙烯兒茶酚。若持續受熱可以形成聚乙烯兒茶酚聚合物，這是一種帶有厚重苦味的物質，而且會在舌根與喉頭帶來澀感、卡喉感。

3. 烘焙過程的第三、四階段裡，也就是從 T2 到一爆後出鍋的期間內如果因為風壓太大以及能量不足導致鍋爐內失溫，也會影響綠原酸熱解成綠原酸內酯、奎寧酸熱解成奎寧酸內酯等過程。而綠原酸內酯、奎寧酸內酯雖然帶苦味，但是澀感卻大幅下降。

烘焙使得木質素纖維素進行分解（可藉由養豆獲得改善）

1. 高入豆溫與高回溫點代表鍋爐內能量狀態較高，使得從入豆開始到 T2 之間的時間過快。因此當豆表快速升溫到 T2 時，會使得大量能量加熱咖啡豆表，進而促使豆表纖維素提早分解，如此情況繼續延伸到淺烘焙的狀態下，會使得風味的呈現像是焦烤木質的觸感與香氣。

   若在實務操作上發現出鍋溫度稍微提高幾度時，或是出鍋時間稍微延後就會出現焦烤、煙感等風味的情形，這都是入豆到 T2 爬溫過快的原因。可以藉由觀察豆表升溫到葡萄糖焦糖化時，風溫的與豆溫數據間的差距，以及從豆表到達葡萄糖焦糖化之後的豆溫升溫速率可發現端倪。

   而低海拔豆以及重發酵咖啡豆的細胞壁結構較為鬆散，當豆表升溫到打蔗糖焦糖化 T2 階段時，過多的爐內溫度將會持續加熱豆表，將會促使豆表纖維素木質素提早分解，進而生成癒創木酚等苯酚類物質。**這樣的粗糙感通常伴隨煙味、焦味、苦味、木質感以及在同出鍋點下相對較大的 RD 值。**

2. T2 到出鍋時如果出現爬溫過高且用時較短（高 ROR）的情況，也意味著鍋爐內能量過多，也將使得纖維素木質素提早分解。正常烘焙節奏下，當豆表色值低於艾格壯值 60 的時候，通常木質素纖維素也逐漸開始分解，進而產生粗糙感、煙感。所以中深烘焙下產生的梅納丁以及木質素纖維素分解產生的癒創木酚，都會帶來澀感、粗糙感。

入豆到出鍋的節奏過快，甚至可能使得豆子內部的綠原酸、奎寧酸分解不完全，並且造成木質素纖維素分解，這是種能量供應過度的極端情況。

而癒創木酚等苯酚類的物質是種強抗氧化劑，亦會隨著養豆時間的加長而消失，使得咖啡的粗糙感、煙感、刺激感降低，這也是**深烘焙咖啡養豆的重點**。

而咖啡因在二爆前幾乎不受影響，但是隨著咖啡豆在二爆後高溫的環境下停留的時間增加而有少部分分解。

由蔗糖焦糖化分析乾澀感的形成原因

在品鑑咖啡時，若入口後的尾韻香氣與味覺感受短暫，並且口腔表面有發乾的情形，這通常是蔗糖焦糖化程度較弱，或者是養豆時間不足所造成的。

由於蔗糖焦糖化的過程中會產生二氧化碳，當大量的水蒸氣與二氧化碳所形成的壓力撐破細胞壁的時候，則形成了一爆的現象。蔗糖焦糖化不只會將咖啡豆體撐開、破壞豆體結構，咖啡豆的整體體積也相較於烘焙前的生豆來得大，如此一來膨脹度也隨之增加，不只有利於萃取，也有助於咖啡豆內的油脂溶出。

由風味陣列來分析焦糖化程度

所以藉由風味陣列來分析蔗糖焦糖化的程度，也就成了判斷乾燥感的脈絡依據。當咖啡香氣中帶有呋喃類的紅糖、黑糖、焦糖、

瑞士巧克力等帶甜感的香氣時，亦代表豆子不同程度的焦糖化。尤其當香氣中呈現濃郁的焦糖、巧克力香氣時，則代表焦糖化程度越高，並且烘焙度相對集中，因此在烘焙過程中所產生的二氧化碳也較多，並且在烘焙後幾天內進入到二氧化碳的排放高峰。而這也是烘焙度在二爆前出鍋的養豆重點。隨著氣體逐漸排放趨於穩定，也意味著養豆完成，油脂與脂溶性香氣就會比較容易萃取出來。

如果咖啡豆整體的焦糖化程度較低（RD 值相對較大），豆體膨脹度也會相對較低，因此萃取效率也跟著下降。以高海拔的咖啡豆來說，在這樣的情況下仍然可以保有一定含量的糖分，並且表現在味覺的甜味上。但是也因為膨脹度較低（豆體結構相對較結實堅硬），使得萃取效率較低，咖啡的油脂感以及尾韻顯得單薄、短暫，必須調整研磨刻度以及沖煮水溫來改善品嚐上的缺陷。這樣的情況在烘焙上來說，只要控制一爆前後的 ROR 以及出鍋的烘焙度色值就可以獲得改善。

但是就低海拔咖啡豆來說，由於蔗糖含量較低，焦糖化程度遠較高海拔豆來得低，所以在觸感上欠缺油脂感以及滑順感，只能加深烘焙度來做有限的改善。

ROASTING CURVE

	COFFEE TEMP.		AIR TEMP.		DRUM SPEED		AIRFLOW SPEED	
WAITING TEM			230	°C				
1°			440	°C	90	%	80	%
2°	130	°C	435	°C	90	%	80	%
3°	140	°C	430	°C	90	%	80	%
4°	155	°C	425	°C	85	%	80	%
5°	165	°C	410	°C	85	%	80	%
6°	175	°C	400	°C	85	%	80	%
7°	185	°C	395	°C	85	%	83	%
8°	195	°C	390	°C	85	%	83	%
9°	210	°C	390	°C	85	%	83	%
10°	215	°C	390	°C	85	%	80	%
11°	220	°C	385	°C	85	%	80	%
12°	228	°C	300	°C	85	%	80	%

HOME

RECIPES

SETUP

PRODUC.

CYCLE

TRENDS

SYSTEM

ACK

00 | °C
80 | °C
70 | °C

00 | °C
0 | °C

00 | %
50 | %

0 | °C

Chapter 05
進階運用

▌關於二次烘焙

根據過去拜訪過的老烘焙師所述，在當年咖啡生豆品質參差不齊的情況下，藉由二次烘焙可以讓咖啡最終呈現出膨大且一致的色澤，並且有利於儲存與生產。細究下來，四五十年前的生豆水準由今日的角度看來實在糟糕，而這樣的情況直到近十年才獲得大幅改善，一來是精品咖啡的文化普及，一是末端消費者無形中向產業鍊的上游產生影響所致。

在過去那樣的原料品質以及運輸條件、儲存條件下，二次烘焙中的首次烘焙可以降低生豆水分，以應付惡劣的儲存條件。從現在的角度來看也能將批次、處理不均的生豆進行均質化。而再次烘焙的時候也會更快速、容易地完成、出貨。

以現在的角度來看，二次烘焙的使用有以下幾種情境：

1. 烘焙過程中發生能源斷供等原因，導致首次烘焙度過淺。
2. 生豆品質不均，Quaker 奎克豆過多。

但是不論何種目的，對於已經經歷過烘焙過程的咖啡豆來說，豆子內部的水分是相對較低的，這意味豆子的玻璃轉化溫度 Tg 將會較正常含水率的咖啡生豆來的高。並且豆表向豆內導熱的能力也較差，豆體的結構也較為鬆散。

從這角度來看，二次烘焙的核心觀念就很簡單了。

1. 提供溫和的能量供應到達 T0/T1，並且避免豆表升溫過快，讓咖啡豆內部有時間進行發展。

2. 由於豆子水分較少，也因此咖啡豆處於橡膠態階段的時間也較短。當豆表向內部導熱變差時，要適時調整能量。不僅可以避免豆表升溫過快而出油，也避免拉大豆表與咖啡粉的烘焙度差距 RD 值。

所以在烘焙的初始設定裡，我會採用與正常烘焙操作載量下相同的滾筒轉速、風門、風壓與回溫點，以及升溫到 T2 的升溫時間，必要時可以加大風門與風壓的設定，提供更為溫和的初始能量。由於經歷過初次烘焙後豆子的重量下降，所以在相同的條件下二次烘焙的豆子與鍋爐壁的接觸時間也會較少。

由於豆內的水分較少的緣故，在相同的入豆溫下回溫點勢必會略高，所以可以下調入豆溫作為因應。而火力設定的思考方向也是如此，使用溫和的能量將豆子逐漸加熱至 T0/T1 即可。實際操作上我們可以依照正常烘焙時的 T2 的溫度點／時間點做目標，在相同的回溫點／回溫時間下，在與正常烘焙相同的節奏下升溫到 T2 的時間點／溫度點。

以（圖 5-1）為例，在正常進行二次烘焙的情況下，我會將回溫點保持在 70 至 90 度之間，而實際操作時可以發現回溫點略高，這就意味著鍋爐內的能量偏高。所以我採用 10% 的火力供應，並且利用鍋爐內現有的能量來加熱豆子，當烘焙時間到了 3 分多鐘時，鍋爐內能量已大量消耗，豆溫探針所偵測到的 ROR 大幅下滑時，才開始增加能量供應。一來是利用現有的能量將豆子溫和的逐步加熱，二來是掌控時間與升溫速率，預期在烘焙時間六分半的時候到達正常烘焙情況下的 T2 溫度點。

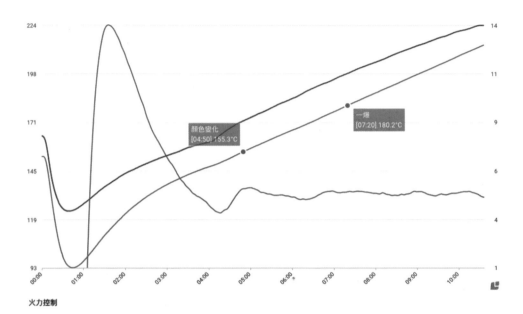

火力控制

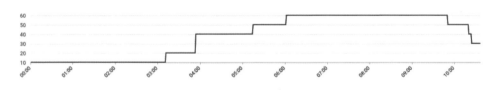

圖 5-1 二次烘焙的曲線範例

　　隨著豆子內的水分逐漸開始活躍，豆內也需要能量進行化學反應，所以要適時的增加能量供應。所以在火力操作上會呈現階梯狀上升的現象。接下來也是控制升溫速度，保持與正常烘焙下相同的時間點到達一爆點、二爆點直至出鍋。

實際操作上，我會等豆子升溫的 ROR 降至每分鐘 10 到 12 度左右（在 Cropster 上體現的是每 30 秒的升溫速度），再依照 ROR 的降幅來增加能量供應。

若是精品咖啡豆的二次烘焙則要注意發展時間與豆表上色狀況。由於經歷過初次烘焙後，豆表結構較為鬆散，也經歷過焦糖化的上色，所以上色速度會較一次烘焙來得快，出鍋時機點勢必會提早。**因此一爆前後的升溫速度務必要溫和上升，讓豆內有足夠的時間發展到位，用時間換取豆內的烘焙度發展。過快的升溫速率可能會導致豆表上色加深，但是豆內卻沒有足夠的時間發展，更加拉大 RD 值的跨度。溫和的能量與升溫也可以盡可能地保留萜烯類香氣與酸質。**

並且過快的升溫速度也會導致豆表的纖維素、木質素加速分解，產生煙味、焦味與粗糙感，豆表也容易出油，從而影響存放。

烘焙商業豆或是中低海拔豆除了留意要點之外，由於蔗糖含量可能較高海拔豆來得少，二次烘焙的上色仍然要靠纖維素、木質素分解後進行梅納反應所產生的梅納丁，因此烘焙度仍要加深一點，往二爆的方向發展。

▌ 義式拼配要點

一、拼配豆與單品烘焙相同，都需要在烘焙前先設定好風味，再依照風味設定來選定所使用的基豆與烘焙度。

不論是單品咖啡還是意式拼配使用，在烘焙前的規劃思路都是一樣的，首先要思考的是「想要呈現的風味」以及「萃取方式」，再依此來選擇使用的豆子以及規劃烘焙度、RD 值，接下來再設計出出鍋溫度以及一爆後的平均升溫速率 ROR。

咖啡風味中的香氣物質可分為原生香氣、處理法香氣以及烘焙所帶來的香氣。而各種香氣又受到溶解特性以及濃度的影響，在不同的烘焙度下都會展現出不同的樣貌。所以在進行烘焙規劃時一定要先進行規劃。

義式咖啡的預設沖煮環境大多是在高溫高壓的環境、極短的時間內進行萃取。而香氣物質在不同濃度下的感受會有截然不同的結果，所以必須要思考咖啡濃縮後的風味形變（如圖 5-2，香氣物質在不同濃度下的感受差異）。

物　質	稀釋前100%濃度	稀釋後
十一酸內脂	油味	桃子香氣
甲硫醚	紅燒魚、海苔	0.1%濃度下的香氣如草莓果醬、煉乳
吲哚	令人噁心的糞臭味	0.0001%濃度下的香氣如茉莉花與梔子花香
糠基硫醇	強烈且不舒服的濃臭	0.001%濃度下如炒堅果、咖啡香氣

圖 5-2 香氣物質在不同濃度下的感受差異

二、盡量選擇含水率、目數與密度等物理條件接近的豆子作為基豆

選擇含水率、密度、目數這些物理條件接近的豆子作為基豆，不只豆子到達 T0/T1 的溫度點會接近，T1 後所需要的能量供應也接近。整體的焦糖化程度與烘焙度也會比較一致，接下來再沖煮上的研磨與萃取上也較為穩定。

如果想要搭配的基豆在含水率、目數、密度等物理參數上與其他基豆的差異較大，則建議將這隻差異較大的咖啡豆另外單獨烘焙，然後進行熟豆拼配（熟拼，先烘後拼的方式）。

三、基豆按風味輪廓與類型來分類，基豆的數量盡量控制在五種以內，優先選擇中高海拔豆。

基豆的使用上要以咖啡豆風味類型來作為歸類依據。在精品咖啡的發展過程裡，我們對生豆溯源的追求從產國開始，進而細分到產區以及莊園、批次、處理法等。而通常在中高海拔的咖啡產國裡，同產區的豆子都具有相同的風味輪廓（例如衣索比亞的 Jimma、Sidama 等）。所以在義式基豆的分類上則是以這種風味輪廓作為生豆性質的歸類，而海拔較低的咖啡產國則直接以該產國的風味輪廓作為歸類（例如，巴西商業豆）。

每隻基豆都必須先分析含水率、目數、密度等物理特性，在進行樣品烘焙後捕捉其風味輪廓，接著再歸類。基豆使用的種類越多，每隻基豆各自的特色在混合後都會逐漸淡化，所以減少基豆的數量不只有利於原料採購，也避免烘焙上產生的失誤。而相同風味屬性的豆子由於風味調性較為接近，不只在採購上可以作為替換的

備案，在配方裡也可視為相同風味輪廓種類的基豆。

　　而香氣物質的溶解特性分為脂溶性與水溶性兩大類，原生風味裡的柑橘、檸檬等精油類香氣為脂溶性，如果咖啡豆的烘焙度較淺、膨脹度較低，則會使得脂溶性物質較不易萃出。而處理法與烘焙香氣多為水溶性，也依賴蔗糖焦糖化所帶來的膨脹度來讓這些風味物質更容易萃取出來。使用中高海拔的豆子作為基豆，可利用其含量相對較高的蔗糖進行焦糖化，不只可以增加咖啡熟豆的膨脹度，也增加咖啡粉在萃取時與水的接觸面積。而焦糖化所產生的呋喃類帶甜感的香氣，不只可以增加咖啡的香甜感，在與牛奶的香氣搭配上也能有所銜接，所以在烘焙上進行蔗糖焦糖化是義式拼配的重要關鍵。

四、低海拔的豆子所占比例盡量低於 20%。

　　如上所述，低海拔咖啡豆所能帶出的焦糖類香氣遠低於中高海拔豆。使用較高比例的低海拔豆只能依靠烘焙度的加深來彌補萃取效率，不只更容易帶出煙味、苦味，苯酚類物質所帶來的粗糙感也會降低咖啡飲用的愉悅感，除非風味設定以及成本控制的設定上即以此為目標。

五、烘焙度設定至少要在二爆初出鍋，且 RD 值盡量小於 10。

　　隨著烘焙度的加深，咖啡豆的膨脹度也隨之提高。咖啡的香氣表現會以烘焙所帶來的為主，這些烘焙類的香氣大多以水溶性為主。風味調性以甜巧克力、奶油等風味為主的配方則至少要碰二爆出鍋，因為咖啡的烘焙度隨著時間與溫度而加深。較淺的烘焙度雖

然可以保留一些原生風味，但是卻會增加常規義式萃取的不穩定性，對於技術與設備的要求也更高。至少烘焙至二爆初以及 RD 值盡量少於 10 的設定，不只確保了咖啡豆內外的焦糖化程度，也避免味覺上過於尖銳突出的表現。RD 值越大，意味著風味跨度越大，並且風味的峰值強度也較低。

六、選擇義式咖啡所搭配的牛奶，分別杯測牛奶冷與熱狀態下的風味。

由於冷鏈配送的發達，目前市場上可以選擇搭配的牛奶種類非常多，但是牛奶的香氣、甜感以及觸感上卻有明顯的不同。況且加熱後的牛奶也會進行一定程度的焦糖化與梅納反應，整體風味也會如咖啡烘焙一樣的加深。所以冷熱牛奶的杯測也是必須的。就經驗來說，一般來說巴氏殺菌奶 (Pasteurised milk) 的搭配性較高，加熱後的巴氏殺菌奶在風味上也較加熱之前明顯來得深厚且扎實，適合搭配 SOE 與一般常規義式。

而 UHT(Ultra High Temperature treated) 製成生產的保久乳、常溫奶由於採用高溫瞬間的殺菌方式，所以風味明顯較厚實濃郁，適合搭配較深的烘焙度。

圖 5-3 筆者與具有酪農輔導員身份的 SCA 考官 REX 陳政學一起杯測不同品牌、溫
　　　度的牛奶，並測試咖啡的搭配效果

七、依照用量來選擇生拼或是熟拼。

　　在符合風味輪廓以及物理條件下選擇好基豆，接下來生拼（生
豆預先混合）或是熟拼（烘焙好的熟豆進行拼配）的選擇就容易多
了。先拼後烘的生拼做法適合大批量作業，穩定性與複製性也較
高。而熟拼則需要特別留意混合後的均勻性，必須充分地進行攪拌
混合，所以熟拼的基豆百分比不要過低。

Chapter 06

回到原點，烘焙前後的設定與流程

█ 首次烘焙的操作與設定

風門風壓與轉速設定

開始烘焙之前，先依照烘焙機的特性（熱源、氣流路徑、轉速與風門），搭配先前章節介紹的「轉速與風壓搭配」九宮格來進行相關的設定。

以直火式烘焙機來說，直火式烘焙機的特點是鍋爐壁上布滿了孔洞，讓人有種「火焰直接灼燒咖啡豆的感覺」。實際上這些孔洞將使得空氣流可以輕易地進入鍋爐並流出，所以直火機受熱空氣的影響（不論是加熱還是降溫）遠大於俗稱的半熱風機器。

而過大的風門（風壓）操作將會使得大量的空氣快速流入鍋爐，必須留意空氣是否被熱源適當加熱，熱源是否強勁，所以在風門設定上應該先用打火機法測得安全風門的區間，並選擇較低的風門（風壓）設定以利氣流的穩定加熱。

熱機方式

個人的熱機習慣是在設定好安全風門的情況下，火力設定在50%-60% 進行熱機，接著以烘焙載量多寡（20% 載量到滿載）取高於入豆溫 10 至 30 度的溫度持溫熱機。

如果入豆溫的設定是 135 度，那麼接下來持溫熱機的溫度就設定在 155 度，並且保持在 155 度約 20 分鐘左右（依機器而定）。這過程要留意風溫與豆溫之間的差距幅度。

烘焙前的準備

熱機完畢後個人習慣上會關閉火力，待豆溫下降到低於入豆溫 2 至 5 度的幅度時再重新點火加熱，待豆溫上升到高於入豆溫 2 至 5 度時再關火降溫，如此反覆操作四至五次之後可讓風溫與豆溫趨於穩定，有利於鍋爐內能量穩定。

烘焙前的注意事項

關於升溫到指定溫度後入鍋還是先升溫高於入豆溫，接著再降溫後入鍋的問題爭論許久，我個人是覺得仍然還是以穩定為前提，只要每次使用相同的方式，並且維持在相同的回溫點（包含時間與溫度）即可。

以筆者個人為例，我習慣使用升溫入鍋。也就是當豆子從 133 度開始，升溫到 135 度時旋即入豆烘焙。就能量的角度來看，升溫入鍋時的能量會略低於從 137 度降溫至 135 度的狀態，也能給予豆子較為溫和的能量供應。

從能量的角度來看，不管入鍋時採用關風門關火、低溫小風門大火、高溫大風門小火等入鍋操作，目的都是一樣的，都是要提供給豆子較為溫和的能量供應，並且確保開始烘焙後的回溫點在適合機器性能的合理區間。

▌首次烘焙的注意事項

一、使用高海拔精緻處理的水洗豆

由於海拔較高的咖啡豆蔗糖含量較高，也有較為豐富的萜烯類如柑橘、檸檬、蘋果、香料等香氣。在烘焙上不只能帶來更多的甜味，也能更好的進行焦糖化。烘焙完成後即使咖啡粉處於較淺的烘焙度下，也仍然有萜烯類香氣供烘焙師作為判斷。

而水洗處理以及精緻處理的豆子，不只能避免後處理的香氣給烘焙師帶來的誤判，精緻處理的過程能帶來較為一致、均勻的含水率、密度、目數等物理狀況，也更給烘焙師有效的烘焙數據。

我會建議使用高海拔且精緻處理的精品豆水洗豆，並且將烘焙度設定在豆表 72 至 68 之間，粉值在 85 至 88 的區間。一來可以適當的進行焦糖化，一來高海拔豆的酵素類香氣也可以保留，方便後續的烘焙調整。

二、烘焙過程中的記錄

烘焙過程中要時時觀察烘焙豆的狀況，並且記錄 T0、T1 果糖焦糖化、葡萄糖焦糖化、蔗糖焦糖化 T2 以及一爆 FC 的時間點與溫度，如此才有利於烘焙完成後的覆盤與調整。並且在這些觀察點進行取樣，若時間允許，即時觀察豆子剖面色澤、狀態氣味，方便復盤時進行火力與風門的調整。

在烘焙紀錄的部分建議每 30 秒記錄一次，並且快速記錄升溫速率，以便推估接下來的升溫速度以及火力的調整。如果能搭配烘

焙軟體一起操作的話，可以相對輕鬆一點。目前常見的烘焙軟體有 Artisan 以及 Cropster。前者為免費軟體，適合單機作業；後者為付費租用的雲端系統，可以一帳號多機多地使用。

以筆者的使用經驗來說，Cropster 的運用框架是從樣品開發到大貨生產，這當中包含生豆庫存、品質分析、烘焙產量管理等功能。由於每個月都會收到來自產國與出口商的生豆樣品，在檢測完含水率、目數、密度後即可在系統中建檔，並且烘焙後記錄曲線與烘焙度數值。也可以藉由 Cropster Cup 手機 App 快速紀錄杯測結果並上傳雲端。

筆者分別會在教室烘焙小量樣品與教學以及在烘焙廠進行生產，這樣多地協作的使用情境，甚至常常會出現相同處理廠與處理法但是數個批次的情況。因此當系統與烘焙機連接後，Cropster 可以扣除生豆庫存以及計算產量、烘焙紀錄等，並且透過雲端服務器掌握烘焙數據、杯測與物理分析的品控結果，方便筆者精細化的進行批次管理還有多地點的庫存管理。就經營角度來說系統內建的分析功能比較強大，適合多機種使用以及搭配備電腦控制的烘焙機的烘焙廠、教學中心以及產品線的少量多樣烘焙工作室等使用。

三、烘焙的出鍋目標

首次烘焙以豆表烘到 70+/-2 度的艾格壯值為目標，約在一爆密集開始後 15 至 25 秒左右，這樣的烘焙度下可以保證豆表有適當的蔗糖焦糖化，有利於烘焙節奏的調整。足夠的焦糖化也會使豆子呈現出一定程度的膨脹度，有利於萃取。

在這個烘焙度下測量粉值，可以作為風門與一爆前 ROR 調整的依據。如果烘焙到豆表 70+/-2 而咖啡粉的烘焙度呈現 95 甚至更淺的情況，則要檢查風門風壓設定，以及烘焙過程各個階段升溫節奏是否恰當。

四、出鍋前後的快速檢測

1. 注意一爆爆時的爆裂聲是否清脆綿密。
2. 豆表上色程度是否符合預期。
3. 是否有聞到焦糖化的甜香（如糖炒栗子）以及帶有刺激感的香氣。
4. 出鍋後測試咖啡豆是否夠脆，藉此膨脹度來確認焦糖化程度。
5. 確認剖面豆芯的部分是否上色。
6. 撥開豆子來捕捉焦糖類香氣以及酵素類香氣比例。

▌烘焙後的覆盤與調整

一、檢查 T1 到 T2 的升溫節奏

由於 T1 時豆體內外水分大量活躍，所以當到達 T1 階段時必須給予充足的能量脫除水分。而這個節奏的關鍵點在於升溫到達葡萄糖焦糖化的時間點，如果 T1 到葡萄糖焦糖化所使用的時間較短，則必須要適當降低能量供應。因為當豆表到達葡萄糖焦糖化時，豆表的水分已經大幅度失去，並且距離蔗糖焦糖化也只有 20 度的差距（豆表真實溫度，而非探針溫度），所以過快到達葡萄糖焦糖化（正黃色，豆表真實溫度 145 度左右），則隨著豆表水分快速失去且豆

表往豆內導熱效率降低的情況下，不只會快速加熱豆表、加速豆表烘焙度，也會同時拉開豆表與咖啡粉的烘焙度 RD 值。

在升溫至果糖焦糖化時，就要評估以當前的升溫速率下，升溫到葡萄糖焦糖化的時間是否恰當。所以，以 30 秒為單位記錄升溫才能夠及時反應。而當豆表升溫到達葡萄糖焦糖化時，不只要留意氣味也可以藉由取樣觀察咖啡豆剖面來判斷烘焙節奏。當豆表到達葡萄糖焦糖化且豆內已升溫至果糖焦糖化階段時，接下來的升溫速度也將影響最終的烘焙度 RD 值。

以個人經驗而言，習慣將 T1-T2 的升溫時間控制在 4 至 6 分鐘之間。若此階段用時較短的話，在進入下一階段前則需要適度降低能量供應。反之，如果此階段用時較長的話，進入下一階段的時候未必需要降火應對，若有搭配 Cropster 等記錄軟體的話，可以藉由升溫速率來進行判斷。

二、檢查 T2 到 FC 的升溫節奏

由於 T2 大理石紋階段開始，豆表收縮並且開始進行蔗糖焦糖化，所以豆表將能量往豆內引導的能力較差，要逐步加深豆內烘焙度的方法唯有放緩升溫速度。此時若鍋爐內積蓄過多的能量則會導致豆表烘焙度快速加深，甚至造成煙味、焦味、烤味以及拉開豆表與粉的烘焙度差距 RD 值。

以個人經驗而言，T2-FC 一爆的升溫時間建議在一分鐘到兩分鐘皆可。在第二階段節奏相同的情況下來說，此階段時間越短，

則一爆後的 RD 值越大，用時相對長一點的話，則一爆後的 RD 值越小。

三、調整風壓、風門

如果 T1 到 FC 的升溫時間、節奏都合理，但是當豆表烘焙到 70+/-2 時粉值卻太淺（例如 100 甚至更淺）則需要重新調整風門與風壓，適當的調小風門。如果 RD 值太小（例如 14 以下）且粉值偏深則適當增加風門、風壓因應。

四、鍋間操作，為下一鍋做準備

鍋間操作是很容易被忽略的操作重點，由於大部分出鍋的時間點都在高溫的狀態下，所以出鍋後除了要對咖啡豆進行快速檢驗之外，也要為下一鍋烘焙來調整爐內能量。

在一般半熱風與直火設計的烘焙機操作裡，我會習慣先關閉熱源並且將風門開到最大，讓爐內溫度降溫，目的是將鍋爐內多餘的能量卸除。

待溫度低於下一鍋入豆溫 10 至 20 度時，即可開火持溫 2 至 5 分鐘。持溫的溫度點與時間長短則是依載量而定，載量越少則溫度越低、時間越長，若是滿載量時則使用相對高一點的持溫溫度。

待持溫完畢後再調回安全風門，升溫至入鍋溫度 +/-3 至 5 度進行入鍋前的操作，這樣的操作以穩定爐內能量並且保持回溫點一致為目標，入鍋前仍然要注意烘焙曲線的風溫與豆溫。

若是機器熱源效能強大，並且氣流路徑設計良好，則可以在持溫環節完成後使用稍大一點的風門、風壓，升溫至下一鍋的入豆溫後開始烘焙，同樣以保持相同的回溫時間、溫度為前提。

在連續烘焙的情況下，若是回溫點逐漸升高或是回溫時間提早，則要重新檢討鍋間操作。

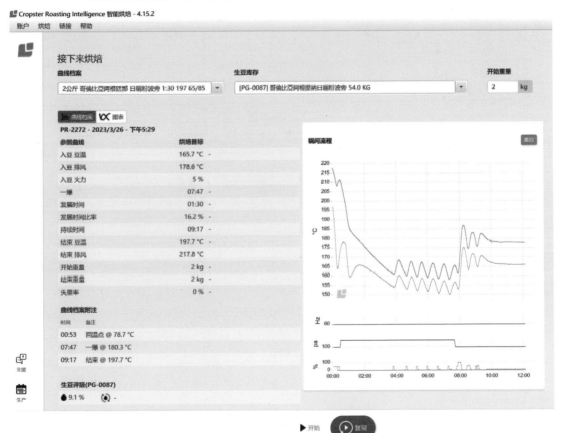

圖 6-1 1/3 載量的鍋間操作

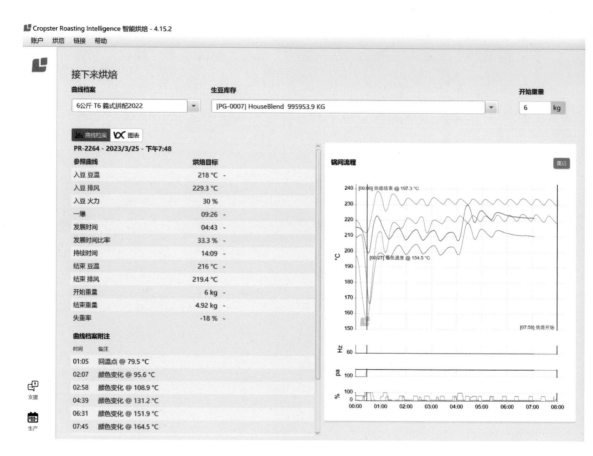

圖 6-2 滿載量的鍋間操作

五、各個烘焙度的出鍋設定與 RD 值調整

在調整完畢後，先檢測咖啡豆的烘焙度，在豆表烘到 68 至 72 的情況下，並且 RD 值控制在 16 至 20 的範圍內時，即可測量一爆結束、二爆初、二爆密集、二爆結束的豆表與粉的烘焙度數值，進而掌握到艾格壯烘焙度的線性關係，以便找到對應的風味跨度與應用方向。

烘焙度與咖啡風味之間的關係

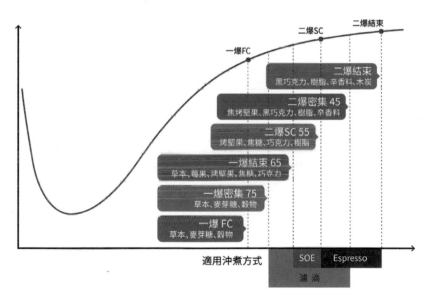

圖 6-3 不同烘焙度適用的沖煮運用

以個人習慣的烘焙度線性為例，同樣的升溫速率下，RD 值隨著發展時間縮小是有規律的。所以相同烘焙節奏下，淺烘焙在一爆密集後出鍋的豆子就會以酵素類的香氣為主焦糖化的香氣為輔，適合手沖單品使用。

而烘焙到一爆結束的淺中烘焙度，則是以焦糖類香氣為主導酵素類香氣為輔約 5:5 至 6:4 的香氣比例。適合在 SOE 與一般手沖使用，也適合中美洲的精品咖啡豆。

如此一來，想要調整淺烘、淺中、中烘焙等各個出鍋點的 RD 值跨度與風味呈現，只需要調整一爆後的 ROR 即可。

NOTE

咖啡行者的全息烘焙法・術

作　　著：謝承孝

發 行 人：黃振庭

版面編輯：霞飛工作室

出 版 者：崧燁文化事業有限公司

發 行 者：崧燁文化事業有限公司

E - m a i l：sonbookservice@gmail.com

粉 絲 頁：https://www.facebook.com/sonbookss/

網　　址：https://sonbook.net/

地　　址：台北市中正區重慶南路一段六十一號八

　　　　　樓 815 室

Rm. 815, 8F., No.61, Sec. 1, Chongqing S. Rd.,
Zhongzheng Dist., Taipei City 100, Taiwan

電　　話：(02)2370-3310

傳　　真：(02)2388-1990

印　　刷：中茂分色製版印刷事業股份有限公司

法律顧問：廣華律師事務所　張佩琦律師

國家圖書館出版品預行編目資料

咖啡行者的全息烘焙法・術 = Skill
art: holographic roasting of coffice
traveler / 謝承孝著 . -- 第一版 . --
臺北市：崧燁文化事業有限公司，
2023.09
240 面；17×23 公分
ISBN 978-626-357-587-5（平裝）

1.CST: 咖啡

427.42　　　　　　112013124

官網

臉書

定　　價：680 元

發行日期：2023 年 9 月第一版

ISBN 978-626-357-587-5